TRAITÉ ANALYTIQUE ET OBSERVATIONS PRATIQUES SUR LES EAUX MINÉRALES DE BALARUC,

CONTENANT l'origine et la découverte de ces Eaux thermales, leur nature et leur analyse, leurs propriétés et la manière d'en user; avec certain nombre d'observations de guérisons merveilleuses opérées par ces mêmes Eaux.

DEUXIÈME ÉDITION,

Revue, corrigée et augmentée de Notes et de Remarques intéressantes;

Par le Citoyen POUZAIRE, Docteur en Médecine de la Faculté de Montpellier, Médecin desdites Eaux et de l'Hospice civil et militaire dudit Lieu, Correspondant de la Société de Médecine de Paris, etc. etc.

Experientiæ et rationi Medicina insistit.
CORN. CELSUS, *de re Medicâ*

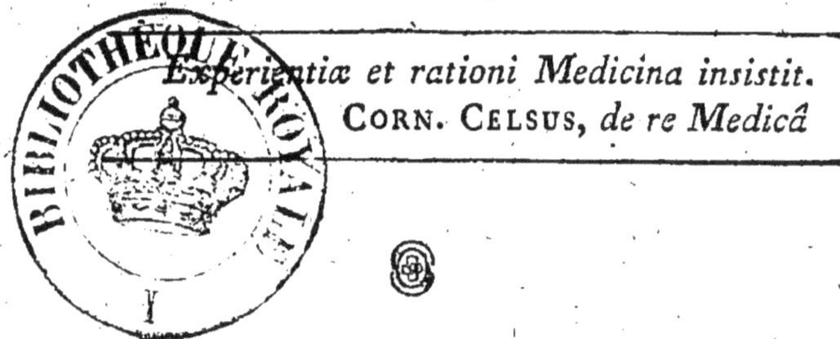

A MONTPELLIER,
Chez G. IZAR et A. RICARD, place d'Encivade, n.° 208.

An VIII.

Per montes altos, tellure sub ipsâ,
Imbribus è Cœlo ruptis, nivibusque solutis,
Multarum sese vis plurima cogit Aquarum,
Ima petens, donec jam copia viribus auctis,
Tunc demùm erumpat, campoque insultet aperto.

RAP.

DISCOURS

PRÉLIMINAIRE.

On a fait de tout temps un très-grand cas des Eaux minérales, et on les a toujours regardées comme des ressources les plus assurées dans la majeure partie des maladies chroniques. En effet, nous n'avons qu'à jeter les yeux sur les livres qui traitent de ces mêmes maladies (1),

(1) *Nic. Dortomanni, de causis et effectibus thermarum Belliluc. -- Confer. Hoffmann, de conven. elementorum. Idem, de fonte et sale Sedlicense. -- Confer. Springfeld, iter medicum ad aquas, etc. -- Présseux, dissert. de Spad.* -- Boulduc, analyse des Eaux de Bourbon -- Carrère, traité des Eaux min. du Rouss. -- Lemonnier, hist. Acad. 1744. -- *Caroli Leroy, de aq. min. natura et usu.* -- Vénel, Acad. mém. des étrangers. -- Duclos, observ. sur les Eaux min. -- Sauvages, mém. sur les Eaux d'Alais. -- Lassonne, analyse des Eaux de Vichy. -- Macquer, traité abrégé des Eaux min. de France. -- Raulin, *idem*, etc. etc.

nous verrons que tous, depuis les plus anciens jusqu'aux plus modernes, s'accordent unanimement à prôner l'efficacité de ces Fontaines salutaires, et à en recommander très-fortement l'usage : mais quoique ces Sources médicamenteuses aient joui dès le berceau de la Médecine d'une grande réputation, et que leur usage ait été très-étendu; il s'en faut pourtant de beaucoup qu'on les employât anciennement avec des succès aussi brillans que ceux que nous avons la satisfaction de voir de nos jours. L'étude florissante de la physique, de la Chimie et de la Médecine, jointe aux belles découvertes qu'une louable émulation enfante journellement, ont dissipé les ténèbres qui déroboient à nos yeux tout le prix de ces sources de guérison et de santé; de sorte que nous pouvons dire avec certitude que les Eaux minérales n'ont jamais été mieux connues et mieux administrées que dans notre heureux siècle.

C'est donc pour contribuer, autant qu'il est en nous, à la perfection d'une connoissance si avantageuse à l'humanité, que nous allons exposer ici ce que nous pensons en particulier des Eaux de Balaruc, qui ont fait depuis nombre d'années (1) le sujet de nos plus sérieuses occupations; mais avant que d'entrer dans le détail des particularités relatives à ces Eaux thermales, il ne sera pas hors de propos de rapporter ici, en faveur de certaines personnes, quelques notions préliminaires sur les Eaux minérales en général; ce qui ne contribuera pas peu à jeter un grand jour sur ce que nous aurons occasion de dire au sujet de celles que nous avons en vue, et dont nous

---

(1) L'auteur réside à ces Eaux et les observe depuis environ 29 ans; il en a fait, depuis cette époque, l'objet de ses plus sérieuses occupations et d'une étude particulière. La première édition de son traité fut imprimée en 1771, elle a été depuis traduite en anglais. Cette deuxième édition qu'il présente au public offre un plus grand intérêt, en ce qu'elle a été plus travaillée, et enrichie d'un plus grand nombre de remarques et d'observations très-intéressantes, qu'une longue résidence et une expérience consommée dans cette partie, l'ont mis à même d'y recueillir; et quoiqu'en dise l'auteur anonyme et plagiaire d'un opuscule peu exact et peu intéressant sur ces mêmes Eaux, personne ne doute que les médecins des Eaux minérales établis et résidans sur les sources mêmes, ne soient mieux à portée par leurs observations journalières et leur expérience particulière, de connoître la nature et les vertus de ces Eaux, et d'en diriger l'usage avec succès.

traiterons aussi succinctement qu'il nous sera possible, sans pourtant rien omettre de tout ce qui peut être nécessaire et essentiel, pour avoir une connoissance suffisante de la nature et des propriétés de ces Eaux salutaires, ainsi que de la manière d'en user relativement aux différentes maladies qui les exigent.

On ne comprend communément sous le nom d'*Eaux minérales* proprement dites, que celles dans lesquelles les épreuves de Chimie font découvrir des substances *spiritueuses*, *sulfureuses*, *salines ou métalliques* ; car à vouloir prendre le nom d'Eaux minérales dans le sens le plus général et le plus étendu, il faudroit le donner à toutes les Eaux qui se trouvent chargées naturellement de quelques substances hétérogènes, qu'elles ont dissoutes dans l'intérieur de la terre ; or il n'y en a presque point qui ne contienne un peu de terre ou de sélénité (1) ; mais l'usage n'a pas voulu qu'on qualifiât du nom d'*Eaux minérales* celles qui ne contiennent que ces matières : on se contente seulement de les nommer *Eaux dures*,

---

(1) Wallerius, hydrologie.

Eaux séléniteuses, quand elles en contiennent une quantité sensible.

Les Eaux mêmes de la mer ne sont pas mises communément au nombre des Eaux minérales, quoiqu'elles pussent cependant être réputées telles; puisque sans compter les parties terreuses et séléniteuses dont elles sont chargées, elles contiennent outre cela une grande quantité de différens sels minéraux ; ce qui fait qu'on les emploie souvent avec des succès marqués dans la pratique de la Médecine, ainsi que les Eaux minérales proprement dites (1).

On sait que ces dernières se chargent de leurs principes, en passant dans des terres qui contiennent différens sels, ou des substances pyriteuses, qui se trouvent dans un état de décomposition : ces principes différemment combinés avec les Eaux, et constituant leur essence minérale, peuvent se réduire aux suivans,

---

(1) Les anglais sur-tout font un grand usage des Eaux de la mer, tant en boisson que sous forme de bain, soit pour leur santé, soit aussi pour l'éducation physique des enfans, et pour leur former le tempérament.

1.° A certains corps fixes, tels que sont différentes espèces de sels, savoir, le sel marin, le sel de Glauber, le sel marin à base terreuse, le sel d'Epsom, le vitriol de Mars, le fer, l'alun, les terres absorbantes, la sélénite. 2.° A des substances volatiles, telles que le soufre, le bitume, l'air (1). Voilà à peu près tous les principes que l'analyse chimique a pu découvrir jusqu'à présent dans les différentes Eaux minérales qu'on a soumises à son épreuve ; il n'est pas nécessaire de dire que toutes ces substances ne se rencontrent pas ensemble dans toutes les Eaux

(1) L'air, ou comme disent les Chimistes, cet esprit subtil et élastique contenu dans les Eaux, ne paroît autre chose que le gaz de nos modernes ; ce principe se démontre aisément par de très-petites gouttes ou particules qu'on voit jaillir en tout sens dans les Eaux minérales. -- Deux expériences faciles le prouvent encore d'une maniére incontestable ; la première consiste à secouer une bouteille à demi pleine de cette Eau après l'avoir bouchée avec le pouce ; puis en soulevant un peu le pouce, vous entendez s'échapper cet air avec bruit et sifflement. -- La seconde expérience consiste à prendre encore une bouteille pleine aux deux tiers de cette Eau, adapter au gouleau une vessie vide et mouillée ; alors, en secouant un peu l'eau, le gaz ou l'air élastique remplit la vessie.

minérales quelconques ; mais les unes dans certaines, les autres dans d'autres, plus ou moins.

Pour ce qui est des moyens que la nature puissante et industrieuse met en usage pour opérer la combinaison et la liaison intime de ces substances minérales avec les Eaux, plusieurs célèbres Chimistes ont bâti là-dessus différentes théories aussi savantes que subtiles et ingénieuses, dont le détail nous meneroit trop loin, et auxquelles nous renvoyons ceux qui voudront approfondir les secrets de la nature, et se livrer à des recherches obscures et embarrassantes, pour ne pas dire infructueuses. Pour nous, qui ne nous proposons pas de faire un traité complet des Eaux minérales en général, et qui n'avons d'autre dessein que de manifester ce que nous pensons sur les particularités des Eaux de Balaruc, nous omettons volontiers ces sortes de recherches, qui ne servent qu'à retarder les progrès de la Médecine, pour ne nous occuper entiérement que des Eaux qui font le sujet de notre ouvrage.

Nous allons donc passer tout de suite à ces dernières, dont la connoissance et l'heureuse application est si salutaire aux personnes qui sont dans la triste nécessité d'y avoir recours.

Tout le monde sait que la division la plus générale et la plus connue des Eaux minérales est en *froides* (1) et en *chaudes ;* du nombre de ces dernières, qu'on nomme encore *thermales*, sont nos Eaux de Balaruc, que nous considérerons sous cinq Chapitres, pour mettre quelque ordre dans notre Discours. Le premier assignera leur origine et les époques les plus certaines de leur découverte. Le second traitera de leur nature et de leur analyse. Le troisième fera mention de

---

(1) Les Eaux minérales froides prennent aussi le plus souvent le nom d'*acidules* ; à cause d'un goût aigrelet, agréable et piquant qu'on trouve dans la plupart de ces Eaux, comme dans celles de Vals, de Spa, de Pyrmont, de Seltares, etc. qui les rend presque mousseuses et pétillantes, à peu près comme le vin de Champagne ; ce goût piquant et aigrelet, et cette qualité pétillante, ne sont occasionés dans ces Eaux froides acidules, que par un air surabondant qu'elles contiennent, ou comme disent les Chimistes, un esprit subtil et élastique qui cherche à se dégager, et cela est si vrai, que celles de ces Eaux qui en contiennent le plus abondamment, feroient casser les bouteilles, si l'on n'avoit l'attention de les laisser évaporer quelque temps à l'air libre avant de les boucher.

leur vertu et de leurs propriétés médicamenteuses. Dans le quatrième on détaillera les formes et les méthodes les plus convenables pour les appliquer avec succès dans les différentes maladies qu'elles peuvent détruire. Et finalement dans le cinquième on rapportera, pour la satisfaction du Public, certain nombre d'observations de guérisons merveilleuses opérées tout récemment par l'usage de ces mêmes Eaux.

TRAITÉ
DES EAUX MINÉRALES DE BALARUC.

CHAPITRE PREMIER.

De l'origine et de la découverte des Eaux de Balaruc.

LES Eaux de Balaruc, *Aquæ Belilucanæ*, du mot latin *Belilucum* (1), que les Français ont rendu par celui de *Balaruc*, sont situées à quatre lieues de Montpellier, au Département de l'Hérault, vers

[1] *Belilucum oppidum forte vocant, quòd belum, baalamum.... habitos Deos, falsos tamen..... Eo loco aut luco potius Incolæ colerent. Nic. Dortomanni de causis et effectibus thermarum Beliluc. pag.* 5 *et seq.*

la partie occidentale de cette ville, sur le grand étang de *Tau*, fameux par l'admirable jonction des deux mers, l'océan et la méditerranée, au moyen du Canal national, qui vient aboutir par une de ses extrémités à ce même étang, fort connu encore par les poissons exquis qu'on y pêche abondamment.

Il est constant que ces Eaux thermales ont été fort connues, et en grande réputation du temps même des Romains, qui y ont eu des habitations, comme on peut s'en convaincre par les inscriptions Romaines (1) qu'on voit ici sur des vieux

---

(1) Mémoires pour l'Histoire naturelle du Languedoc, part. II. chap. IV. On sait la coutume qu'avoient les Romains de brûler leurs morts avant que de les inhumer; et de ramasser leurs cendres dans des urnes de matière plus ou moins précieuse, selon la qualité des personnes; ils ajoutoient aussi dans ces urnes mille autres choses que leur culte superstitieux pouvoit leur suggérer; et enterroient le tout. L'on peut voir, chez le ci-devant comte de Bernis, une urne d'albâtre très-belle et très-curieuse, qui, avec beaucoup d'autres s'est trouvée à Balaruc.

Parmi le nombre d'inscriptions antiques Romaines qu'on a trouvé aux environs de la source des bains de Balaruc, l'on en voit encore une très-lisible placée sur la porte d'un des bâtimens situés à côté de la ci-devant église paroissiale dudit lieu. Voici comme elle

bâtimens, par quantité d'urnes sépulchrales qu'on a trouvées enfouies dans la

---

est conçue littéralement, et en mêmes caractères:

ITEM. TRIB. LEG. II.
GEMELLI. PROC.
NEPTUNO ET N.

Il paroît par cette inscription qui n'est point entière, puisqu'elle commence par la conjonction *item*, et que la pierre a été évidemment tronquée dans cet endroit; il paroît, dis-je, que Gemellus, proconsul et tribun de la seconde légion des Romains, dédia dans ce même endroit un temple à Neptune et aux Nymphes, en reconnoissance de quelque victoire signalée qu'il avoit sans doute remportée sur les Gaulois, habitans de cette contrée, qui devint dans ces temps-là une conquête et une dépendance de l'empire Romain. -- Cette opinion qui est la plus généralement reçue est d'autant plus vraisemblable, que l'on voit encore sur le bord de l'étang, et tout auprès du bâtiment où se trouve l'inscription, un massif de fondement antique, très-vaste et très-étendu, dont le ciment est extrêmement durci et quasi pétrifié; à la suite de ces fondemens et dans la même ligne, l'on voit d'autres fondations du même genre, mais en rond et séparées à égale distance les unes des autres, qui servoient sans doute à soutenir des colonnes: nous avons parlé plus haut de ces fondemens; or il paroît évidemment que ce ne peuvent être que les vieux restes et les ruines antiques d'un monument considérable, ou plutôt d'un temple de Neptune indiqué par l'inscription.

terre aux environs de la source ; par nombre de médailles et de pièces antiques, dont M. Vaugelas, très-digne Major de la ville de Cette, et très-versé dans les connoissances d'antiquités Romaines et d'histoire naturelle, a fait une bonne collection, et finalement par beaucoup de fondemens et de vestiges d'édifices anciens très-considérables, qu'on remarque tout le long de l'étang et au voisinage de la source de Balaruc, fondemens des plus solides et d'un ciment des plus durs, qu'on a de la peine à détruire avec le marteau ; c'est tout auprès de ces vieux bâtimens, qu'on découvre des glacis de différentes couleurs et de petites mosaïques qui formoient le pavé de ces habitations. En outre, Dortoman, professeur en l'Université de Médecine de Montpellier (1), qui écrivoit dans le

[1] *Nicol. Dortomanni, Prof. Reg. Univ. Monsp. de causis et effectibus thermarum Beliluc. lib. II, pag.* 21. 116 *et seq.* Cet auteur rapporte encore que les Eaux thermales de Balaruc furent données en fief aux Chanoines de Maguelone. Cette ville maritime étoit déjà considérable dans le VI siècle, quand elle fut érigée en Cité, et qu'elle devint la capitale d'un grand Diocèse. *Mémoires pour l'hist. natur. du Languedoc, part. III, chap. IX, pag.* 527.

seizième siècle, en l'année 1579, rapporte que ces Eaux thermales avoient été plusieurs siècles avant lui fort célèbres et fort fréquentées comme toutes celles des Romains, mais que l'abus que ces anciens peuples en faisoient, les employant journellement sans distinction de maladies, d'âge, de sexe, de tempérament, etc. fut cause qu'elles restèrent ensuite désertes et abandonnées pendant long-temps, jusqu'à ce qu'enfin elles furent de nouveau observées, rétablies, et leurs vertus publiées l'an 1568 par Guillaume Chaume, du lieu de Poussan, gros bourg à trois quarts de lieue environ de Balaruc, et vers sa partie septentrionale. Cet estimable Citoyen, continue l'auteur ci-dessus, rempli d'humanité, de zèle et de bonté pour ses Concitoyens, voulut leur faire part de sa découverte, et non-seulement à ceux-ci, mais encore à toute la France et à toute l'Europe (1); mais il fut bien aise auparavant de consulter là-dessus Guillaume Rondelet, célèbre Chancelier en l'Université de Médecine de Montpellier, avec lequel il étoit fort lié. Celui-ci l'ins-

---

[1] *Ibid. pag.* 23 *et seq.*

truisit donc des propriétés que pouvoient avoir les Eaux de Balaruc, qui n'avoient peut-être jusqu'alors resté dans l'oubli, que parce que leur source avoit été dérangée, et le bâtiment qui la renfermoit détruit et renversé par quelque volcan, ou bien par les incursions des Barbares (1) qui ont fait anciennement de grands ravages dans tout ce pays-ci. Car les Bains étoient anciennement plus hauts qu'ils ne sont actuellement, et plus près de la petite montagne appelée en terme vulgaire du pays (*Pioch d'Aix*), d'où l'on présume avec vraisemblance que cette source dérive; l'on voit encore dans ce même endroit le creux qui lui servoit autrefois de bassin, auquel s'abouche un ancien aqueduc qui portoit les Eaux dans l'étang; c'est au milieu et aux environs de ce creux qu'on peut voir les fondemens et les débris du bâtiment des anciens Bains, ce qui joint avec quantité d'espèces de laves, nombre de fragmens d'ustenciles de dif-

---

[1] *Magalona destructa fuit quia Sarraceni ad ipsam per gradus habebant refugium, et castra seu oppida circùm vicina, quæ tunc erant modica, devastabant. Verdale. tom.* 1. *novæ bibliot. manuscriptor Philipp. Labbe.*

férentes matières qu'on a trouvés enfouis dans la terre, en creusant les fossés à différentes profondeurs, et autres choses semblables combinées avec la chaleur des Eaux minérales, fait assez soupçonner l'existence ancienne des volcans ci-dessus. Mais revenons à notre histoire du rétablissement et de la restauration des Bains actuels; nous avons dit plus haut que Rondelet avoit instruit Guillaume Chaume des vertus des Eaux de Balaruc; cet illustre Citoyen, sur l'avis du savant Chancelier, voulut en faire l'épreuve sur lui-même, et s'y transporta pendant quelques années deux fois par an, pour une affection grave et considérable qu'il avoit à une cuisse, que l'auteur cité ne spécifie pas, mais qui étoit vraisemblablement une douleur de sciatique, selon ce qu'on peut en juger par la suite de ce qu'il dit. Ce même auteur rapporte que ce digne Citoyen ayant été radicalement guéri par l'usage fréquent et continué qu'il fit des Eaux de Balaruc, en conçut une telle estime, et fut pénétré d'une si vive reconnoissance pour le bien qu'elles lui avoient fait, qu'il se sentit obligé d'en publier hautement l'efficacité, non-seulement de vive voix, mais encore par écrit, pour attirer de toutes parts les peuples à ces Eaux thermales, comme à une seconde piscine de salut et de guérison; et l'Auteur ajoute qu'à peine quatre ans s'étoient écoulés qu'il y eût un si grand concours de monde qui s'y rendoit en foule de toute parts deux fois l'année, sans distinction même de maladies, de tempérament, d'âge, de genre de vie, de sexe, de climat, etc., qu'il y avoit tout lieu de craindre que ces Eaux, qui étoient devenues si fameuses par le bien qu'en avoient publié Guillaume Chaume, ne perdissent enfin leur réputation, et ne tombassent de nouveau en discrédit par l'abus journalier qu'en faisoit la multitude du peuple; voici ces propres paroles. „ *Hoc affectus, dextrè nimirùm* „ *prius usus (Guillelmus de Chaume)* „ *tanti Medici R. Rondeletii consilio,* „ *cùm Thermarum harum (Bellilucana-* „ *rum) beneficio sanus et indolens su-* „ *peresset, non aliâ re gratitudinis præ-* „ *mium et enthroniasticum naturali huic* „ *auxilio rependi posse putavit, quam* „ *harùm passim Thermarum affectu jam* „ *agnitarum promulgationi, præconio,* „ *edicto, quibus undelibet tanquam ad* „ *sacrum quoddam salutis fanum ad*

» *Thermas has populos cieret. Ecce dùm*
» *id jugiter molitur, vix quartus elabitur*
» *annus, quo tanta hominum multitudo*
» *in hunc usque diem bis quotannis eò*
» *confluit, idque nullâ habitâ affectuum,*
» *temperiei, ætatis, vite ante actæ, sexûs,*
» *regionis, cæterumque distinctione, ut*
» *viliores Thermas has posthac ob abu-*
» *sum, q. famosiores (tametsi unius*
» *famâ hæ tante evaserint) ob usum fore*
» *sit metuendum.* »

C'est ce qui seroit encore, sans doute, arrivé, si la Médecine faisant de jour en jour des nouveaux progrès, et augmentant le nombre de ses connoissances, n'eût arrêté un désordre si pernicieux, et n'eût tenu l'œil à ce qu'on fit un usage de ces Eaux plus raisonnable et mieux entendu; par ce moyen elles sont devenues entre les mains des Maîtres de l'Art un des secours les plus efficaces que la Médecine possède, et on leur à vû produire dans mille cas fâcheux presque désespérés, les effets salutaires les plus surprenans; c'est ce qu'une résidence continuelle nous a mis à portée d'observer ici, je ne sais combien de fois.

Nous nous flatons donc d'avoir encore la douce satisfaction d'être les témoins oculaires des merveilles qui ne cesseront de s'opérer par l'usage de ces Eaux inestimables ; et notre confiance est d'autant plus grande à cet égard que le domaine de cette source de santé vient de passer tout récemment entre les mains de propriétaires, autant zélés qu'on puisse l'être, pour y procurer toute l'aisance et les commodités que les malades pourront y désirer ; ajoutez à cela que le Gouvernement y a fait construire un beau chemin qui va joindre la grande route de Montpellier à Toulouse, de sorte que les voitures viennent aboutir aux bains de Balaruc avec la plus grande facilité et sans la moindre secousse.

Après avoir dit ce que nous avons trouvé de plus vraisemblable et de mieux constaté sur la première origine des Eaux de Balaruc, leur ancienneté, et leur dernière restauration ; nous avons actuellement à traiter de leur nature et de leur analyse, suivant l'ordre de notre division.

CHAPITRE II.

De la nature et de l'analyse des Eaux de Balaruc.

MALGRÉ les efforts qu'ont fait nombre d'habiles Chimistes, et les peines qu'ils ont prises pour découvrir exactement la nature et les proportions des principes qui entrent dans la composition des Eaux minérales, il paroît qu'on est encore fort éloigné d'avoir sur cet objet intéressant toute la certitude et les connoissances qu'on pourroit désirer. Ces sortes d'analyses sont peut-être ce qu'ils y a de plus difficile dans la Chimie, car les Eaux minérales étant un assemblage de différentes substances qui, toutes unies plus ou moins avec l'Eau, peuvent encore former les unes avec les autres des combinaisons sans nombre et presque à l'infini ; il arrive souvent que quelques-uns de ces principes sont en si petite quantité, et doués d'une si grande subtilité et volatilité, qu'on peut à peine les apercevoir, quoiqu'ils ne laissent pas d'influer beaucoup sur les vertus de l'Eau.

Bien plus les opérations chimiques et les différentes manipulations auxquelles on est obligé d'avoir recours pour analyser les Eaux minérales, sont quelquefois capables d'occasioner des changemens très-notables dans les substances même qu'on cherche à reconnoître, sans parler des altérations considérables dont ces Eaux sont encore susceptibles par le seul mouvement, le transport, le repos, et la seule exposition à l'air libre (1).

D'après ces considérations, l'on ne doit pas être surpris des différences qu'on ne trouve que trop fréquemment dans les résultats des analyses, qu'ont faites successivement des mêmes Eaux des Chimistes, dont on ne peut cependant soupçonner ni la capacité ni l'exactitude.

---

(1) Il est hors de doute que le feu, et les autres agens Chimiques désignés sous le nom de manstrues ou de réactifs, qu'on est obligé d'employer dans les analyses pour opérer la séparation des mixtes, ne soient capables de produire eux mêmes des altérations notables dans les principes mêmes constitutifs de ces corps par les diverses évaporations, précipitations, amalgames, et autres combinaisons infinies, auxquelles elles peuvent donner lieu, au point de dérouter les plus expérimentés et de rendre méconnoissables les principes des corps.

Les conséquences qu'on doit tirer de tout cela, sont que l'examen et l'analyse des Eaux minérales, est un travail des plus difficiles, et même des plus ingrats ; qu'il ne peut-être bien fait que par les Chimistes les plus profonds et les plus exercés, qu'il demande a être répété un grand nombre de fois, et dans différens temps sur les mêmes Eaux; qu'enfin il est presqu'impossible d'établir des règles fixes et générales sur ces sortes d'analyses. D'où nous sommes en droit de conclure qu'on ne peut guére compter sur l'exactitude des analyses, quelque voie et quelque précaution qu'on ait pris pour y réussir, et que le moyen le plus assuré que nous avons pour connoître la nature et les propriétés d'une Eau minérale, c'est d'en juger principalement par les impressions qu'elle fait sur les sens externes, par l'analogie, et par les effets qu'elle produit dans le traitement des maladies. C'est sur-tout d'après ces principes solides et infaillibles que nous porterons notre jugement sur la nature des Eaux de Balaruc; nous rapporterons cependant le résultat que leur analyse la plus exacte a pu nous fournir jusqu'à présent; mais encore un coup il s'en faut bien que cette analyse réponde aux effets admirables de ces Eaux salutaires, et si elles ne contenoient absolument que les principes peu nombreux que leur analyse nous offre, il seroit presque impossible qu'elles fussent douées d'une énergie aussi active, et en état d'opérer des changemens aussi prompts et aussi merveilleux dans le corps humain, que ceux que l'on verra dans les observations que nous aurons occasion de citer à la fin de cet ouvrage.

Les Eaux de Balaruc soumises à une lente évaporation, (car c'est la méthode la plus sûre d'analyser ces Eaux et d'en retirer séparément les différens minéraux qui entrent dans leux composition), fournissent d'abord une terre absorbante; ensuite un peu de sélénite, et enfin du sel marin en quantité, puisque c'est le principe dominant de ces Eaux. Or voici de quelle manière les choses se passent dans cette opération; au premier dégré de chaleur qu'on fait éprouver à ces Eaux, elles se troublent, et laissent d'abord tomber la terre absorbante sous la forme de petites écailles surfuracées en assez grande quantité, peu de temps après vient la sélénite moins copieuse, ayant un peu plus de liaison avec l'eau que la terre absorbante : cela fait, on filtre cette Eau; on sépare les terres que l'on fait cesser ; et l'on met de nouveau l'Eau à évaporer c'est alors que l'on voit les cristaux de sel marin se ramasser insensiblement autour du vase ; on continue l'évaporation fort lentement jusqu'à ce qu'il ne se cristalise plus de sel marin, et qu'il ne reste qu'un peu de liqueur grasse et onctueuse, connue sous le nom *d'Eau-mère*, laquelle ne contient que *du sel marin à base terreuse*.

Voilà exactement les produits de l'analyse des Eaux de Balaruc soumises à l'action du feu, qui de l'aveu des plus grands Chymistes, est l'agent le plus propre à une pareille opération, sur-tout lorsqu'il est dirigé par une main habile. Si nous employons vis-à-vis de la même Eau minérale la voie des *mélanges* ou *réactifs*, nous verrons que par (1) l'affusion de l'huile de tartre, elle se trouble et devient laiteuse ; ce qui indique la présence de sels neutres, qui ont pour base une terre absorbante. L'acide vi-

---

[1] *Caroli Le Roi, Profess. Med. Monsp. de Aquarum miner naturâ et usu.*

triolique fait une espèce d'effervescence avec cette Eau, et il s'en élève de petites bullules; phénomène qui ne doit point nous induire à penser que ces Eaux minérales contiennent un sel alkali pur ou nud; puisque leur analyse n'en fournit point du tout; mais que l'on doit plutôt attribuer à un air surabondant que ces Eaux contiennent, et qui s'en dégage par l'addition des acides, ou bien encore à la terre absorbante dont nous avons parlé plus haut, et dont une des principales propriétés, est de faire effervescence avec les acides. Au reste le trouble qui se fait dans cette Eau par le mélange de l'huile de tartre, peut encore indiquer l'existence d'un peu d'acide libre et dégagé, qui nous paroît être l'acide sulfureux volatil (1); car on sent quelquefois dans ces bains une odeur de souffre, sur-tout lorsqu'ils ont été fermés pendant quelque temps, et la boue qu'on en tire a une odeur d'œufs couvés; ou de foye de soufre; bien plus l'argent exposé

---

[1] Observations sur les Eaux de Balaruc par Charles Le Roi, professeur de médecine à Montpellier, *Histoire de l'Académie des Sciences*, année 1753.

pendant un temps suffisant à la vapeur de ces Eaux se ternit et perd considérablement de sa couleur; car une pièce de ce métail qu'on laissa tomber dans la source, et qui y resta un temps assez considérable, se trouva à la longue noircie lorsqu'on l'en retira.

Nous avons dit ci-devant que le moyen le plus sûr pour porter un bon jugement sur la nature et les propriétés d'une Eau minérale, c'est d'examiner les impressions qu'elle fait sur les sens externes, et d'observer exactement les effets qu'elle produit sur le corps humain dans le traitement des maladies; c'est sur ce principe que nous allons encore examiner nos Eaux de Balaruc, et nous ne doutons pas qu'on ne retire un plus grand avantage de cet examen que de toutes les analyses qu'on pourroit en faire.

1.° Les Eaux de Balaruc sont très-chaudes, et leur chaleur dans la source même atteint le quarante-deuxième degré du thermomètre de Réaumur; il faut observer pourtant que cette chaleur varie suivant les saisons; car dans le temps des grandes pluies elle ne passe guère le trente-huitième ou trente-neuvième degré du même thermomètre. Les Etuves et les

Bains de l'hôpital qui sont situés plus bas ont une chaleur inférieure, laquelle pour les premières ne va pas au-delà du trente-deuxième degré, et pour les derniers ne passe pas le quarantième (1) dans les saisons tempérées.

Quant à la cause de la chaleur de ces Eaux, c'est la même que pour toutes les autres Eaux thermales, et celle qui occasione les feux souterrains; les meilleurs Physiciens l'attribuent à de grands amas de pyrites ou autres minéraux qui s'échauffent, et qui s'embrasent même souvent par la réaction de leurs principes; lors-

[1] On peut voir dans les mémoires pour l'Histoire naturelle du Languedoc bien des phénomènes curieux, relatifs à la chaleur des Eaux de Balaruc, que l'Auteur y explique avec beaucoup de discernement et de clarté.

Cette Eau, quoique très-chaude et très-salée, ne cause aucune altération aux œufs frais qu'on y tient plongés pendant très-long-temps; elle ne flétrit pas même l'oseille ni autres plantes ou herbages qu'on peut y jeter; elle ne dissout point le savon, ou du moins, elle le dissout très-imparfaitement; enfin, quoiqu'elle ait un degré de chaleur considérable, elle ne prend pas plutôt l'ébullition que l'eau commune, lorsqu'on les expose toutes les deux au même feu et pendant le même espace de temps, dans des vases uniformes et de même matière.

qu'ils sont dans l'effervescence de la décomposition spontanée, à laquelle ces sortes de corps sont sujets. Voici de quelle manière l'Encyclopédie explique ce phénomène, à l'article *Pyrites* : „ Comme „ toutes les pyrites contiennent du fer, „ qu'avec le fer elles contiennent presque „ toutes aussi du soufre, que les plus „ communes et les plus abondantes de „ toutes les pyrites ne contiennent même „ que ces deux substances avec leur terre „ non métallique, et que le fer et le sou- „ fre ont une action singulière, lorsqu'ils „ sont bien mêlés ensemble, et mis en „ jeu par une certaine quantité d'Eau, „ cela est cause qu'un très-grand nombre „ de pyrites, c'est-à-dire, toutes celles „ qui ne contiennent que les principes „ dont nous venons de parler, éprouvent „ une altération singulière, et même une „ décomposition totale, lorsqu'elles sont „ exposées pendant un certain temps à „ l'action combinée de l'air et de l'eau. „ L'humidité les pénètre peu-à-peu, divise „ et atténue considérablement leurs par- „ ties, l'acide du soufre se porte d'une „ manière plus particulière sur la terre „ martiale, et même sur la terre non „ métallique, son principe inflammable

» s'en sépare aussi en partie et se dissipe; » à mesure que ces changemens se font, » la pyrite change de nature; l'acide du » soufre, qui s'est décomposé, forme » avec les principes fixes de la pyrite des » sels vitrioliques, alumineux, séléniteux, » en sorte qu'au bout d'un certain temps, » une pyrite qui d'abord étoit un minéral » brillant, compact, dur et faisant feu » avec l'acier, ne se trouve plus être qu'un » tas de matière saline, terne, grisâtre » et en poussière. Si l'on pose la langue » sur une pyrite qui a éprouvé ces chan-» gemens en tout ou en partie, on lui » trouve une saveur saline très-acerbe et » très-styptique, qu'elle n'avoit nullement » dans son premier état. Enfin, si on la » lessive avec de l'eau après qu'elle a été » ainsi décomposée, et qu'on fasse éva-» porer et cristaliser cette lessive, on en » retire une grande quantité de cristaux de » vitriol et même d'alun, suivant sa nature.

» Cette altération et décomposition » spontanée des pyrites s'appelle *efflores-» cence*, *vitriolisation*; parce que les py-» rites se couvrent, quand elles l'éprou-» vent, d'une espèce de poussière ou de » fleur saline, et qu'il en résulte toujours » du vitriol. Cette vitriolisation se fait

plus

» plus ou moins promptement dans les » pyrites, suivant leur nature; c'est une » espèce de fermentation qui s'excite à » l'aide de l'humidité entre leurs parties » constituantes; et elle se fait avec une » si grande activité dans celles qui y sont » le plus disposées, c'est-à-dire, dans les » pyrites jaunâtres, qui ne sont que sul- » fureuses et ferrugineuses, que lorsque » ces minéraux sont réunis en un grand » amas, non-seulement elle est accom- » pagnée d'une vapeur sulfureuse et d'une » chaleur considérables, mais que souvent » le tout s'allume et produit un grand » embrasement. On voit paroître exac- » tement les mêmes phénomènes, et on » obtient les mêmes résultats lorsqu'on » mêle bien ensemble une grande quan- » tité de limaille de fer et de soufre réduit » en poudre, et qu'on humecte ce mé- » lange, ainsi que l'a fait Lemery, pour » donner une idée et une explication des » feux souterreins et des volcans.

2.° Les Eaux de Balaruc sont un peu onctueuses sur la source même, et cette onctuosité paroît principalement lorsqu'elles ont resté quelque temps sans être agitées; c'est alors qu'on y voit surnager une espéce d'huile minérale, qui n'est autre chose que du bitume liquide que ces Eaux charrient en très-petite quantité, et dont on s'aperçoit aisément par l'odeur particulière qu'elles exhalent.

3.° Les Eaux de Balaruc sont d'un goût très-salé et d'une salure mêlée d'un peu d'amertume, et parfaitement analogue à celle de la mer; ce qui prouve que le minéral dominant de ces Eaux est le sel marin (1), puisqu'on en retire ordinairement par l'évaporation environ un gros par livre d'eau, qui fait à peu près demi pinte de Paris; j'ai fait évaporer moi-même plusieurs fois pareille quantité d'Eau de Balaruc, et elle m'a toujours rendu le même poids de sel que j'ai pesé

---

(1) Le sel marin ou sel commun est un sel neutre parfait composé d'un acide et d'un alcali particuliers, qu'on nomme acide marin ou acide du sel commun, et alcali marin ou alcali minéral. -- Ce sel que la nature nous fournit tout combiné, est le plus abondant et le plus universellement répandu par-tout; on en trouve des mines ou carrières immenses dans l'intérieur de la terre; alors on le nomme sel gemme ou sel fossile; les eaux de la mer en sont toutes remplies; un grand nombre d'eaux souterraines et minérales en contiennent beaucoup; enfin, il n'y a point de végétaux ni d'animaux dont les chimistes n'en retirent une plus ou moins grande quantité.

très-exactement ; j'ai eu encore la curiosité de savoir la proportion de celui que l'eau de la mer tient en dissolution, et ayant de même soumis une livre de cette eau à une lente évaporation sur un feu doux, le produit du sel a été cinq gros; de sorte que la différence de la proportion de ces sels relativement aux eaux qui les contiennent est comme un à cinq. Aussi s'aperçoit-on aisément par le goût que l'eau de la mer est beaucoup plus salée que celle de Balaruc. Du reste ce qui prouve que le sel qu'on retire des Eaux de Balaruc, est le même que celui de la mer, c'est qu'outre la même impression qu'il fait sur la langue, les cristaux qu'il forme ont exactement la même figure (1).

---

(1) Tout le monde connoît la forme cubique des cristaux de sel marin ou sel commun, l'un de ceux dont la figure est la plus régulière et la moins variable ; car les trémies ou pyramides creuses qu'on obtient dans certaines évaporations des Eaux salées ne sont elles-mêmes qu'un amas de cristaux cubiques arrangés de cette manière les uns auprès des autres par l'effet de l'évaporation.

Quant à sa saveur, elle est agréable et médiocrement forte ; tout le monde connoît l'usage immense dont ce sel est pour les alimens, dont il relève le goût et l'agrément, quand il ne leur est mêlé qu'en quantité convenable.

Pour ce qui est de la pesanteur spécifique de l'Eau de Balaruc, elle est à peu près la même que celle de l'Eau commune ainsi que celle de la mer; nous en avons fait l'épreuve plusieurs fois, et la raison de cela nous paroît être que dans une quantité donnée d'Eau minérale, le principe aqueux se trouve moins abondant que dans pareille quantité d'eau commune, de sorte que les minéraux que la première tient en dissolution, suppléent précisément au défaut de son principe aqueux.

4.° Les Eaux de Balaruc sont encore chargées d'un peu de soufre (1) et d'un peu de fer, mais en si petite quantité et si atténués, que l'analyse et toutes les épreuves chymiques ont été jusqu'à présent insuffisantes pour les découvrir, et qu'ils sont même hors d'état de faire une impression bien marquée sur nos sens, ce qui n'empêche pourtant pas que ces minéraux quoique peu abondans ne puissent augmenter considérablement la vertu de ces Eaux, parce qu'étant si subtils, ils

---

(1) Voyez ce que nous avons dit page 21, pour preuve de l'existence du soufre dans ces Eaux, quoiqu'en petite quantité.

doivent pénétrer dans le corps, et plus facilement et plus avant. Nous avons vu plus haut que la chaleur des Eaux ne pouvoit guères s'attribuer qu'à des amas de pyrites sulfureuses et ferrugineuses, qui par l'action combinée de l'air et de l'eau se décomposoient, et entroient en fermentation jusqu'à s'échauffer considérablement, et produire même des embrasemens, selon qu'elles sont plus ou moins abondantes. D'après cette théorie reçue, il ne sera pas mal aisé de conclure que les Eaux de Balaruc se trouvant douées d'une chaleur si grande, doivent participer à la nature des matières combustibles qui la leur donnent : d'ailleurs la vertu éminemment tonique et fortifiante de ces Eaux, qui les rend si puissantes, et pour ainsi dire, spécifiques contre les foiblesses des nerfs, le relâchement des membres et les paralysies, confirme assez cette opinion; ajoutez encore à cela qu'on trouve dans le terroir de Balaruc, et aux environs de la source quantité de pierres ferrugineuses, de pyrites et de marcassites, qui nous autorisent à croire que les Eaux de Balaruc recevant leur chaleur de ces substances minérales qui se trouvent en fermentation dans les entrailles de la terre, et contribuant à leur dissolution et décomposition, doivent se charger de leurs principes et participer à leur nature, quoiqu'il soit pourtant vrai de dire que l'inspersion de la poudre de noix de galle sur cette Eau n'y produit aucun changement bien sensible. Voilà à peu près ce que l'observation, l'analyse, et sur-tout les sens externes ou les sensations nous apprennent des Eaux thermales de Balaruc; voyons maintenant les vertus et les propriétés médicamenteuses qui résultent d'une telle composition.

CHAPITRE III.

Des propriétés médicamenteuses des Eaux de Balaruc.

D'APRÈS ce que nous venons de dire sur la nature et la composition intime des Eaux de Balaruc, il ne seroit pas mal aisé d'en déduire les vertus et les propriétés médicinales; car ces Eaux contenant des minéraux toniques, purgatifs, diurétiques, apéritifs, et diaphorétiques (1), doivent nécessairement participer à toutes ces qualités et les réunir ensemble dans leur véhicule aqueux; c'est aussi ce que l'expérience journalière depuis l'heureuse découverte de ces Eaux salutaires, a démontré jusqu'à ce jour, sans jamais se démentir; témoin Dortoman, l'auteur le plus ancien qui ait traité de ces Eaux; témoins encore les médecins qui ont écrit après lui, ceux aussi qui ne cessent d'y envoyer leurs malades ou plutôt ces malades eux-mêmes par l'heureuse expérience qu'ils en ont fait sur leurs propres corps, et dont nous rapporterons quelques observations à la fin de cet ouvrage.

Sur des preuves aussi convaincantes, nous n'hésiterons donc point de reconnoître dans ces Eaux, premièrement, une

---

(1) Les vertus et propriétés des Eaux de Balaruc, dont nous parlons ci-dessus, n'ont du rapport jusques là qu'avec les maladies internes, mais elles sont encore fort utiles à l'extérieur, ainsi que nous le dirons après, pour les plaies, les ulcères et autres maladies de la peau, non-seulement à cause de la partie saline, martiale et sulfureuse qu'elles contiennent ; mais aussi à raison des terres calcaires et séléniteuses dont elles sont imprégnées, et auxquelles on ne peut refuser une vertu détersive, absorbante et dessicative.

vertu *purgative* (1) et *stomachique* très-remarquable, qu'elles exercent principalement en emportant et balayant, pour ainsi dire, les matières étrangères qui croupissent dans les premières voies, et en aiguillonnant et agaçant les fibres de l'estomac et des intestins pour les rendre plus propres à des contractions et des oscillations plus fortes et plus vigoureuses, ce qu'on appelle communément donner du *ton* à l'estomac. De là ces Eaux sont très-propres prises en boisson. 1.° Dans tout dérangement opiniâtre de l'estomac, qui porte atteinte aux digestions, pourvu toutefois que ce dérangement ne provienne pas de pléthore sanguine ou de l'inflammation des tuniques de cet organe. 2.° Dans toutes les maladies sympathiques, qui ne reconnoissent d'autre cause que le défaut des digestions ou des amas putrides dans les premières voies, comme la céphalalgie, la migraine, le vertige, l'hémiplégie, l'épilepsie, les embarras glaireux, pituiteux, bilieux, les fièvres d'accès, les vers même, sur-tout le tænia

---

[1] *Caroli Le Roi, Prof. Med. Monsp. de Aquarum miner. naturâ et usu, pag.* 14 *et seq.*

ou le solitaire, qu'elles attaquent et détruisent (1), etc. Dans ces cas, il est très-à propos de faire prendre les Eaux intérieurement ou en boisson, à cause du relâchement et du manque de ton de l'estomac et des intestins ; et à raison des matières putrides, visqueuses et glaireuses qui séjournent souvent dans ces premières voies, et sont la cause du mal.

En second lieu, les Eaux de Balaruc sont *diurétiques* et *apéritives* ; c'est pourquoi leur boisson convient très-fort dans les obstructions des viscères du bas-ventre, pourvu qu'elles ne soient pas trop anciennes, et qu'elles ne tiennent pas d'une nature squirreuse ; ces Eaux par les

---

(1) Il faut cependant observer qu'elles ne sont pas toujours également utiles dans ces sortes de maladies ; car dans les cas où le malade auroit les yeux comme vitrés, égarés ou hébétés, la lèvre inférieure béante et pendante ou relâchée, enfin toute la figure décomposée ; l'on jugeroit alors avec fondement que le cerveau est singulièrement embarrassé ; et dans ce cas, il faut user de beaucoup de ménagemens et de précautions dans l'emploi de ce puissant remède : bien plus, il est de la plus grande importance, avant d'y avoir recours, de s'y préparer préalablement par un régime convenable, des évacuans appropriés, des exutoires, etc. etc.

sels qu'elles contiennent en quantité brisent et fondent les humeurs épaissies et arrêtées dans leurs couloirs. Nous leur avons vu produire les plus prompts et les plus heureux effets dans cette obstruction bilieuse du foie qui produit la jaunisse; c'est encore par un effet de cette même vertu apéritive qu'elles emportent très-souvent des fièvres quartes anciennes, et qui ont résisté à tous les autres remèdes. Elles sont encore très-efficaces dans les affections des reins, qui dépendent des graviers ou des matières muqueuses qui s'arrêtent et s'engagent dans le bassinet ou au commencement de l'uretère, pourvu qu'on ne les prenne pas dans le paroxisme; nous pouvons assurer avoir été plusieurs fois témoins de plusieurs guérisons de cette espèce, opérées par l'usage interne des Eaux de Balaruc, ainsi qu'on le verra dans le Chapitre des observations.

En troisième lieu, elles sont puissamment *emmenagogues*, et nous avons su très-souvent que plusieurs femmes fort éloignées de leurs temps critiques, les ont vu paroître et devancer avec étonnement, je ne dis point par la boisson des Eaux ou par l'usage du bain, mais seulement par le simple pédiluve ou bain de pied d'un demi quart d'heure dans ces mêmes Eaux. Par la même raison elles excitent très-souvent les hémorroïdes (1), sur-tout à ceux qui y sont les plus sujets, et pour y remédier et les faire disparoître, on ne fait que se bassiner dans un petit baquet ou dans un pot plein de la même Eau, et le mal se dissipe ainsi ordinairement.

Ce que nous avons dit jusqu'à présent des vertus et propriétés des Eaux de Balaruc ne regarde guères que leur usage interne et en boisson; mais elles ne sont pas moins efficaces et salutaires lorsqu'on les applique à l'extérieur en forme de bain, de douche et d'étuve, tout comme lorsqu'on se sert de leurs boues.

On distingue à Balaruc deux sortes de bain, l'un qu'on appelle le *bain de la source*, parce qu'on le prend dans la source même, dont la chaleur ne va guères au-delà du quarante-deuxième degré

(1) Lorsque les hémorroïdes ou les menstrues paroissent en faisant usage des Eaux thermales, il convient de suspendre pour quelques jours ces remèdes, crainte qu'en les continuant le flux menstruel ou hémorroïdal, ne dégénérât en hémorragie ou perte de sang considérable.

du thermomètre Réaumurien, ainsi que nous l'avons dit ailleurs ; et l'autre dit le *bain de la cuve* ou le *bain tempéré*, parce qu'on le prend dans une cuve ou baignoire, dans laquelle on a mis de l'Eau de la source qu'on a soin de laisser refroidir jusqu'au degré convenable ; or ce degré ne passe guères le trente-sixième ou trente-septième du même thermomètre, plus souvent même l'on commence par des degrés inférieurs, comme 28, 30, 32, et l'on va en augmentant insensiblement selon la force, l'âge, le tempérament du malade et la nature de son mal.

On fait ici plus d'usage du bain *tempéré* (1) *ou de la cuve* que du bain de la

---

(1) Au sujet de la chaleur des bains, il est à propos d'observer que l'on pourroit fort aisément construire aux Eaux de Balaruc, ainsi qu'à toutes celles qui ont un degré de chaleur à peu près semblable, des bains gradués au-dessous de la source principale ou à son fuyant, de manière que la chaleur du premier bain ou du premier bassin seroit au quarantième degré, celle du second bassin au trente-huitième, celle du troisième bassin au trente-sixième, celle du quatrième au trente-quatrième, celle du cinquième au trente-deuxième, celle du sixième au trentième, et ainsi de suite. Par ce moyen, on auroit dans le même local plusieurs bains de différente chaleur toujours prêts, et propres non-seulement à diverses maladies, mais aussi

source, qui, à cause de sa chaleur presque brûlante, n'est guères supportable, si ce n'est dans les parties presque entièrement destituées de sentiment, ou dans une parfaite atonie et relâchement de ces mêmes parties.

Ces bains au moyen de leur chaleur animée par les minéraux qu'ils contiennent augmentent considérablement la transpiration, et occasionnent même souvent des sueurs abondantes, par le moyen desquelles le corps se délivre des sérosités superflues et acrimonieuses. Ils excitent une espèce de fièvre momentanée, et raniment puissamment le mou-

---

à différens tempéramens, etc. Il en résulteroit encore le double avantage de rendre l'exploitation de ces bains plus facile, et d'épargner beaucoup de peine aux personnes qui sont obligées de puiser et de charrier l'Eau pour les préparer. Notez aussi que les militaires et autres citoyens logés à l'hospice desdites Eaux, s'en trouveroient infiniment mieux, auroient des bains plus doux et plus tempérés, conséquemment plus propices à la majeure partie de leurs maladies, qui sont pour la plupart des douleurs de rhumatisme. L'on épargneroit même de cette manière bien de frais au Gouvernement, et beaucoup de fatigues aux soldats malades qu'on envoie souvent à des Eaux fort éloignées, tandis qu'on pourroit les faire traiter avec succès à Balaruc, d'une manière plus économique.

vement de la circulation, qui est ce qu'il y a de plus propre à débarrasser des obstructions et des engorgemens. Par la même raison ils aiguillonnent les nerfs, et leur donnent du ton et du ressort.

Les bains et douches de Balaruc font des merveilles les plus surprenantes, et sont quasi regardées comme spécifiques dans les paralysies; il faut cependant observer que tous les paralytiques n'en retirent pas les mêmes avantages, qu'il en est au contraire qui ne doivent en user qu'avec certaines précautions; par exemple, la paralysie particulière (1) et locale d'un bras ou d'une jambe séparément, qui n'affecte pas la moitié du corps, et qui n'a été précédée d'aucune attaque d'apoplexie, se guérit d'ordinaire plus aisément que les autres espèces de paralysie, et est infiniment moins dangereuse, si vous en exceptez la paralysie de la langue, qui paroît tenir de plus près à l'apoplexie par le voisinage et la communication des vaisseaux qui se portent au noble viscère où cette cruelle maladie établit son siège.

---

(1) *Ibid. pag.* 24. *et seq.*

Les paralysies avec contraction ou avec tremblement des membres affectés sont beaucoup plus opiniâtres et plus difficiles à guérir que celles où les parties affectées se trouvent flasques et dans un état de relâchement; celles-ci demandent des bains plus chauds que les autres.

Les hémiplégies, ou paralysies de la moitié du corps, qui ne sont pas la suite des apopléxies, donnent plus d'espérance de guérison que celles qui ont été déterminées par quelque attaque d'apopléxie; et ces dernières ne se guérissent en entier que difficilement, mais l'on voit constamment que les malades qui en sont attaqués, reçoivent beaucoup de soulagement des Bains de Balaruc, et ce n'est qu'en les fréquentant qu'ils peuvent se mettre à l'abri de nouvelles attaques et se prolonger leurs jours. L'expérience journalière nous prouve cette vérité; et l'on en sera convaincu par les observations que nous citerons ci-après.

Dans l'hémiplégie, le bras recouvre d'ordinaire plus tard le mouvement que la jambe. La raison de ce phénomène peut être déduite de ce que la jambe fait plus d'exercice que le bras, et encore de ce que les vaisseaux, qui se distribuent à la première, sont plus gros et plus considérables que ceux qui arrosent le dernier. Plus la paralysie est récente et le sujet jeune et robuste, et plus aussi le malade doit avoir d'espérance de sa guérison.

Les paralysies, qui n'attaquent pas subitement, mais qui se forment petit-à-petit, et par des progrès presque insensibles, se guérissent très-difficilement, ainsi que celles qui provenant d'une cause interne et cachée attaquent l'anus et la vessie.

La complication d'œdéme (1) ou bien d'atrophie dans une partie paralysée en rend encore la guérison plus difficile. Pour ce qui est des paralysies, qui succèdent aux fièvres, elles sont plus ou moins rebelles, selon la plus ou moins

---

(1) Les membres paralytiques œdémateux demandent, outre la douche, l'application des boues; si l'œdéme ou l'enflure étoit trop considérable et qu'elle fit raisonnablement craindre pour une hydropisie quelconque; il est inutile de dire que dans ces cas l'usage des Eaux sous quelque forme que ce soit deviendroit nuisible, à plus forte raison s'il y avoit déjà un épanchement de sérosités dans quelque cavité du corps ou une hydropisie proprement dite.

grande malignité, ou la durée des fièvres qui les ont précédées et occasionées.

Les douches des Eaux de Balaruc conviennent encore beaucoup, et font des merveilles, lorsqu'on les applique sur une partie paralysée à la suite d'une blessure ou d'une chûte, pourvu toutefois que les nerfs qui se distribuent à cette partie n'aient pas été coupés ou considérablement endommagés par la chûte où la blessure.

Dans les rhumatismes on prend avec les plus grands succès les Bains de Balaruc, et leur chaleur généralement parlant, doit être beaucoup plus tempérée que pour les paralysies. Les étuves encore leur conviennent beaucoup ; les sueurs copieuses qu'elles procurent, sont en état de délivrer des sérosités âcres et mordicantes qu'une transpiration arrêtée par le froid ou l'humidité avoit fixé dans les muscles ou les membranes.

Les douleurs de sciatique qui sont d'une nature rhumatismale sont encore communément guéries par l'usage du Bain tempéré ; mais lorsqu'elles participent d'un caractère goutteux (1), elles

(1) Si la goutte ou bien une attaque de néphrétique

demandent beaucoup d'attention et de

---

survenoit en prenant les Eaux ou les Bains, etc., il faudroit de suite cesser l'usage de ces Eaux, et recourir promptement aux remèdes calmans, tempérans et adoucissans, etc., il en seroit de même d'une attaque d'apoplexie, qui par une cause quelconque pourroit aussi s'insurger pendant l'usage des Eaux ou des Bains ou des douches, etc.; chacun sent très-fort, combien il est instant de discontinuer de suite l'usage desdits remèdes et de recourir pormptement et sans aucun retard aux secours particuliers et pressans que ces sortes d'accidens exigent. Et certes c'est bien ici le cas de blamer en passant l'imprudence de ceux qui dans de pareils accidens, ainsi que pour la direction de leurs Eaux, Bains ou douches, etc., se livrent inconsidérement à des personnes peu instruites, dépourvues de connoissances, et uniquement guidées par une routine aveugle et fatale à l'humanité; au lieu de s'en rapporter avec une juste confiance aux personnes de l'art, qu'une longue expérience et une pratique consommée jointes à la vraie science acquise par les talens, et par une étude continuelle et assidue, ont mis à même de diriger les maladies dans une carrière non moins pénible que difficile et délicate. --- Aussi le célèbre Tissot, dans son avis au Peuple sur sa santé, observe-t-il judicieusement » qu'on ne confie une montre pour la raccommoder qu'à celui qui a passé bien des années à étudier comment elle est faite, quelles sont les causes qui la font bien aller ou qui la dérangent, et l'on confiera le soin de raccommoder la plus composée, la plus délicate et la plus précieuse des machines, à des gens qui n'ont pas la plus petite notion de sa structure, des causes de ses mouvemens ou de ses dérangemens et des moyens qui peuvent la rétablir. »

précautions, et doivent être traitées par d'autres Bains plus tempérés et plus adoucissans tels que ceux de Lamalou, de Sylvanés, d'Avêne, Bagnols, etc; lorsqu'elles sont encore récentes, elles cédent plus volontiers à ces remèdes, que lorsqu'elles sont anciennes et invétérées comme on peut bien le penser.

Les Eaux de Balaruc jouissant encore d'une vertu détersive, consolidante et dessicative, peuvent par conséquent être employées extérieurement dans les affections cutanées, comme les ulcères, les dartres, la gale, la teigne, etc. Mais ces sortes de maladies de la peau ne demandent pas toujours d'être guéries, et desséchées extérieurement. Les personnes de l'art n'ignorent pas que leur trop prompte guérison pourroit être nuisible dans bien des cas, et savent très-bien distinguer ceux où ces écoulemens cutanés peuvent être salutaires au corps. Ces mêmes Eaux peuvent encore être employées en douches avec succès dans plusieurs maladies des yeux, tant dans celles qui sont occasionées par relâchement ou paralysie de quelqu'une de ses parties, que dans celles qui sont causées par des fluxions catarrhales qui se jetrent sur ces mêmes parties, ou par une surabondance de sérosités qui les abreuvent, ou bien encore par des taches, des obscurcissemens, ou des excroissances qui commencent à se former sur cet organe; en conséquence on doit les ordonner en douches: 1.° Dans des gouttes sereines récentes. 2.° dans l'abattement et la paralysie de la paupière supérieure. 3.° Dans le larmoyement occasioné par une trop grande abondance de sérosités, et non point par une obstruction ou un resserrement des points lacrymaux, et du sac nazal. 4.° Dans les *taches* commençantes qui obscurcissent la cornée, pourvu toutefois que ces taches soient la suite des fluxions, et qu'elles ne soient point des cicatrices qui aient raccorni et desséché cette partie, car dans ce dernier cas le mal est absolument incurable. 5.° Enfin dans la *cataracte* commençante, qui n'est autre chose, comme l'on sait, que l'opacité du cristallin; on a droit de soupçonner cette maladie, lorsque la vue est troublée par des ombres voltigeantes, que le malade compare à des flocons, à des mouches, etc. lorsque les objets paroissent couverts d'une vapeur ou d'une toile d'araignée, c'est alors qu'on peut appliquer les douches des Eaux de Balaruc, qui par leur vertu puissamment incisive et résolutive, sont en état de fondre et dissiper entièrement la viscosité et l'épaississement de la lymphe qui trouble la vue en ôtant au cristallin sa transparence et sa diaphanéïté; mais lorsque la cataracte est entièrement formée, que le crystallin est devenu absolument opaque, et que la vue en est totalement perdue, il n'y a alors d'autre ressource que dans l'opération chirurgicale, que tout le monde connoît.

Enfin les Eaux thermales de Balaruc font des merveilles dans les surdités, qui reconnoissent pour cause ou la paralysie du nerf acoustique et le relâchement de la membrane du timpan, ou quelque fluxion catarrhale qui engorge cette partie, ou bien encore la coagulation et l'épaississement de l'humeur cérumineuse, qui condensée par quelque cause que ce soit, bouche entièrement le conduit auditif externe, et s'oppose par là à l'introduction de l'air, qui doit porter sur cet organe l'impression des corps sonores; nous avons vu nombre de fois par le moyen des injections réitérées de l'Eau de Balaruc dans le conduit de l'oreille, sortir une espèce de bouchon formé de cette humeur excrémentielle, et le sens de l'ouïe revenir tout de suite (1). Elles sont aussi très-utiles sous forme de douches appliquées sur la région lombaire pour les femmes sujettes à des fausses couches occasionées par la foiblesse des reins et des ligamens de la matrice; ces douches ont produit et produisent journellement sous mes yeux nombre de guérisons en ce genre.

Nous augmenterions considérablement le volume de cet ouvrage, si nous voulions rapporter toutes les maladies dans les-

---

(1) L'on voit par là de quelle importance il est tant pour la propreté que pour la conservation de l'organe de nétoyer souvent les oreilles, pour ne point laisser croupir et accumuler le cérumen, qui par son séjour dans le canal auditif externe, et par le contact immédiat de l'air se durcit à la longue, obstrue le conduit et produit la surdité. Une autre cause encore plus dangereuse pour cet organe; c'est la malheureuse habitude qu'ont certaines personnes de coucher dans des endroits frais et humides, comme certains rez-de-chaussée ou bien de s'endormir, comme certains habitans de la campagne, sur l'herbe verte et fraîche, sur le bord d'un ruisseau ou d'une fontaine, sur-tout lorsqu'on a chaud, ou que l'on sue, je puis assurer positivement avoir vu nombre de personnes attaquées d'une surdité parfaite et très-souvent incurables, par cette seule cause.

quelles on peut faire usage de ces Eaux avec succès; il est une infinité de cas dans lesquels on peut en tirer très-bon parti, et ce seroit entrer dans des détails trop longs que de les citer tous: il nous suffira de dire en général qu'étant éminemment toniques, purgatives, résolutives, diurétiques et sudorifiques, elles font des merveilles dans les paralysies quelconques, les foiblesses des parties, le relâchement des tendons et des ligamens, les crudités et les dérangemens d'estomac, le défaut d'appétit, les fièvres intermittentes, les obstructions qui ne sont pas trop invétérées ni squirreuses, la jaunisse, les opilations, les fluxions catarrhales, les douleurs rhumatismales, et mille autres cas auquels les Médecins judicieux et éclairés sauront les appliquer d'après l'idée suffisante que nous donnons ici de leurs vertus et de leurs propriétés. Nous allons donc passer de suite à la manière d'user de ces Eaux, et aux précautions qu'on doit prendre pour que leur usage soit favorable et salutaire.

CHAPITRE IV.

De la manière d'user des Eaux de Balaruc.

Nous avons déjà dit dans le chapitre précédent que les Eaux thermales de Balaruc s'ordonnoient intérieurement en boisson, ou extérieurement en bains, douches, étuves ou bain de vapeurs, et qu'on appliquoit encore leurs boues dans certaines circonstances; nous avons même autant qu'il nous a été possible déterminé les cas dans lesquels il falloit donner la préférence à telle ou à telle autre de ces méthodes; et nous avons aussi rapporté les modifications variées qu'on devoit donner à toutes ces opérations selon les circonstances de la nature du mal, des forces, de l'âge, du sexe, et du tempérament du malade; nous devons actuellement entrer dans le détail circonstancié de toutes ces différentes manipulations en particulier, voir, 1.° de la façon dont-on doit se préparer à l'usage de ces Eaux. 2.° A quelle dose on peut les boire : le temps le plus propre à cela, etc. 3.° Enfin la manière dont se donne le bain, la douche, les étuves, etc.

C'est une chose bien digne de remarque qu'on ne doit jamais mettre en usage les Eaux thermales tant intérieurement qu'extérieurement, sans avoir auparavant préparé le corps par quelques boissons délayantes et adoucissantes (1), et sans avoir vidé l'estomac, s'il a besoin de l'être par quelque purgatif approprié; car sans cette sage précaution, les bains attireroient dans le sang les crudités de l'estomac, et pourroient produire des fièvres et plusieurs autres accidens très-difficiles à guérir, et souvent mêmes mortels. Ce seroit s'exposer aux catastrophes les plus fâcheuses que de négliger cette pratique salutaire. Étant ainsi préparé, on choisit la saison la plus favorable, qui est ordinairement le printemps et l'automne, à moins que la maladie ne presse, et ne demande à partir

---

[1] Les personnes d'un tempérament pléthorique et sanguin, feront encore très-bien de se faire saigner avant l'usage des Eaux de Balaruc pour éviter l'escandescence à laquelle sont sujets ces sortes de tempéramens en prenant ce remède.

plutôt, pour lors on saisit les jours plus tempérés s'il est possible; arrivé à Balaruc on se repose quelques jours si la longueur du voyage a procuré de grandes fatigues, si au contraire on ne vient pas de loin, et qu'on ne se ressente pas du voyage, on peut commencer ses remèdes le lendemain.

C'est par la boisson des Eaux que l'on commence ordinairement (1) on doit les prendre à jeun assez matin, c'est-à-dire, sur les 5 à 6 heures lorsqu'il ne fait pas froid, et vers les sept à huit lorsque le temps est moins doux; c'est une très louable coutume d'ajouter au premier verre d'eau qu'on avale quelque doux purgatif, comme de la manne depuis deux onces jusqu'à trois, ou bien quelque sel neutre, comme du sel d'Epson, ou du sel de Seignette, depuis deux gros jusqu'à quatre. Par ce moyen les Eaux sont aiguisées, et se frayent plus aisément leur passage; l'on en fait de même au dernier verre du dernier jour, et cela

---

[1] S'entend lorsque la maladie l'exige, et que l'on doit aussi prendre les bains et les douches, pour lors on commence toujours fort à propos par la boisson des Eaux, et cela par les raisons que nous avons données ci-dessus.

avec plus de fondement si les Eaux n'avoient pas bien passé les jours précédens, par les selles ou par les urines. On les boit ordinairement pendant trois jours consécutifs, ce n'est pas qu'on n'en puisse prolonger la boisson plus longtemps si rien ne s'y oppose, sur-tout s'il y a un grand amas de matières à expulser du corps, et si le tempérament du malade le permet. La dose de ces Eaux pour chaque jour est de six livres jusqu'à neuf que l'on boit par verres d'un quart d'heure à l'autre pendant l'espace de deux heures tout au plus dans la matinée. Une heure après la dernière prise, lorsque les Eaux ont presqu'entièrement passé, l'on prend un bouillon à demi fait, le plus souvent c'est un bouillon frais: l'on continue de même tous les jours de boisson. L'on doit autant qu'il se peut, boire les Eaux sur la source même, parce que sans compter l'exercice, la dissipation et la compagnie des autres malades, qui favorisent leur passage, l'on ne peut pas douter qu'elles ne perdent de leur force et de leur vertu par le transport, ainsi que nous l'avons prouvé ailleurs : cependant, si les grandes incommodités du malade ou l'inconstance du temps ne lui permettoient pas de se transporter à la source, il pourroit les boire dans sa chambre, observant d'envoyer prendre de nouvelle Eau à chaque prise. Quelque part qu'on boive ces Eaux, il est de la plus grande conséquence de se garantir du froid et de l'humidité, car il n'est rien qui mette tant d'obstacles à leur passage que ces deux qualités de l'air, malgré ces précautions il arrive pourtant quelquefois, qu'on ne rend pas les Eaux par les selles aussi abondamment qu'on l'attendoit, et alors elles passent plus copieusement par les urines; mais il est plus avantageux qu'elles passent par les premières voies quand on les prend comme purgatives et si l'on s'apperçoit qu'elles n'aient point assez d'activité, pour purger certains malades plus difficiles à émouvoir, il faut alors les stimuler par des doses suffisantes de manne, de sel et même de rhubarbe selon les tempéramens; d'autres fois, quoique plus rarement, elles ne sortent qu'en petite quantité par l'une et l'autre de ces voies; dans ce cas pour leur faciliter une libre issue, il est à propos de tenir pendant le temps de leur boisson des linges chauds sur la région épigastrique, et si malgré cela elles sont encore opiniâtres à passer, (ce qui dépend ordinairement de la disposition et du tempérament du malade), ou bien encore si elles excitent quelque trouble dans les entrailles, comme coliques, flatuosités, etc. on se trouve alors bien de prendre dans la journée un lavement émollient et adoucissant (1). Nous observerons encore que les Eaux assoupissent ordinairement le jour de leur boisson, ce qui peut venir ou de ce que les malades se levent pour les prendre souvent plus matin qu'ils n'ont accoutumé, ou bien encore des fatigues nécessaires et inévitables, que leur boisson occasione dans la journée; mais il faut bien se donner de garde de se laisser aller à cette envie de dormir, qui prend dans ces circonstances ordinairement l'après diner plus fortement que jamais, le sommeil à cette époque ne pourroit

---

(1) Il est essentiel de prévenir les malades que les lavemens d'Eau de la source minérale de Balaruc ne réussissent point dans ces cas là, parce qu'ils augmentent la constipation, qui ne se manifeste alors chez les malades, qu'à cause de l'irritation et de la phlogose occasionée momentanément par les Eaux.

qu'être nuisible en suspendant le cours des fonctions naturelles et animales, si nécessaires au succès de la boisson des Eaux et surtout à la digestion.

Pour ce qui est du régime que l'on doit garder en prenant les Eaux, il faut faire choix de bons alimens, et éviter ceux qui par leur quantité ou leur mauvaise qualité ne pourroient que surcharger l'estomac, l'irriter, et par là occasioner des indigestions et mille autres accidens fâcheux (1), en conséquence on usera de beaucoup de tempérance et de frugalité dans ses repas, surtout au souper, qui doit être très-léger, on

---

(1) L'on ne sauroit trop recommander le régime aux malades, mais c'est malheureusement ce qu'ils observent le moins pour la plupart, ce qui leur fait le plus grand mal, en les exposant non-seulement à des indigestions, à des coliques, etc. mais sur-tout à de nouvelles attaques d'apoplexie, ou d'autres accidens, qui mettent leur vie en danger, et les enlèvent même au moment ou ils s'y attendent le moins : c'est ce que nous avons eu la douleur de voir nombre de fois chez plusieurs malades, malgré nos représentations les plus fortes et les plus instantes jointes à celles de leurs parens et de leurs amis ; tant est forte chez eux l'habitude de manger au delà du besoin, et plus qu'ils ne peuvent digérer.

évitera les viandes salées, indigestes; les fruids cruds, les salades, etc. Ces attentions sont d'autant plus indispensables pendant l'usage des Eaux minérales, qu'elles affoiblissent nécessairement le corps, et surtout les organes de la digestion pour le temps qu'on les prend, par les grandes évacuations qu'elles procurent. Car quoique ces Eaux-ci soient puissamment toniques et stomachiques, il ne faut pas croire qu'elles produisent toujours cet effet sur le champ; ce n'est ordinairement que quelque temps après leur usage qu'elles agissent en cette qualité, et c'est alors qu'on sent vivement la force, le ton, et le ressort qu'elles donnent aux parties, et que l'estomac se ressentant de leurs heureuses opérations reprend toute son élasticité, et l'appétit revient.

Outre l'usage interne des Eaux de Balaruc, dont nous venons de parler, on s'en sert encore extérieurement, comme nous l'avons dit ailleurs, en bains, douches, étuves, etc. nous avons distingué, deux sortes de bain, l'un dans la source même, dont la chaleur atteint le quarante-deuxième degré du thermomètre de Réaumur, et l'autre dans la cuve ou tempéré, qui ne passe pas ordinairement le trente-septième ou trente-huitième degré de chaleur. L'on fait rarement usage du bain entier dans la source même, à cause de sa grande chaleur, que peu de gens sont en état de supporter, mais on y plonge souvent les extrémités inférieures jusqu'à la ceinture, ou bien les extrémités supérieures, sans y tremper le corps, selon l'exigence des cas; et c'est principalement dans les affections paralytiques de ces mêmes parties, et autres maladies dont nous avons parlé.

Le bain tempéré est d'un usage beaucoup plus fréquent; on y fait entrer les malades à jeun, et on les y tient aux environs de 12 à 15 minutes, plus ou moins selon les forces du malade; on s'aperçoit qu'il est temps d'en sortir par la force et la fréquence du pouls (1), et par la rougeur vive et animée du visage, dont on voit distiller en même temps des gouttes de sueur. Le malade

(1) On tâte le pouls dans le bain, ou sur l'artère temporale; ou bien sur une de ses ramifications, qu'on nomme *antérieure*, laquelle va se distribuer aux muscles frontaux, et s'anastomoser ou s'amalgamer avec un rameau de l'*angulaire*.

étant sorti du bain, on l'enveloppe tout de suite d'un drap chaud, et on le porte dans un lit destiné à cet usage dans des appartemens attenans à la source; c'est là qu'étant suffisamment couvert il sue plus ou moins selon sa disposition, pendant l'espace d'une heure ou davantage, après quoi on l'essuye, on le change de drap, et on lui donne un bouillon, qui lui procure souvent quelques autres sueurs, il repose encore dans le lit pendant quelque-temps, et lorsqu'il ne sent plus aucune moiteur sur son corps, et que l'agitation du sang est presqu'entièrement calmée, il peut se retirer chez lui, pour n'y revenir que le lendemain; tout au plus il peut prendre une douche sur le soir, s'il en a besoin, et si le bain du matin ne l'a pas trop fatigué ni échauffé.

Il faut observer que ces bains échauffent quelquefois considérablement les malades, au point de leur donner une fièvre continue, et de produire même d'autres accidens inflammatoires; mais on prévient tous ces inconvéniens, 1.° par la préparation que le malade doit avoir reçu, et dont nous avons parlé plus haut. 2.° En ne donnant les bains que de loin en loin (1), et aussi tempérés qu'il est possible, sur-tout les premiers, 3.° En prenant pendant leur usage, des bouillons rafraichissans assortis d'un régime doux et humectant. Si malgré toutes ces sages précautions on ne peut pas empêcher ces symptômes inflammatoires de paroître, on suspend incessamment l'usage des bains, et on détruit dans peu les accidens par la saignée, la diéte et les délayans.

Pour ce qui est du nombre des bains, on n'en prend guéres au-delà, de six à huit; et comme ils fatiguent un peu, l'on est d'usage de faire reposer le malade après le troisième ou quatrième, selon la disposition où il se trouve; cependant si l'on s'apercevoit de leurs heureux succès, et qu'on n'en fut point d'ailleurs trop échauffé, je ne vois pas qu'on fit mal d'en prendre un plus grand

---

(1) L'on est dans l'usage à Balaruc de ne faire prendre les Eaux, les bains ou les douches, que pendant trois jours consécutifs, et de laisser ensuite reposer les malades un jour ou deux, etc., selon le besoin; c'est une fort louable coutume, pour prévenir l'irritation et la phlogose qu'excitent souvent les Eaux thermales et salines.

nombre, sur-tout s'ils sont fort tempérés, et si l'on a soin d'observer les précautions ci-dessus.

La douche, qui n'est autre chose que la chûte de l'eau d'une certaine hauteur sur une partie du corps que l'on frotte en même-temps, n'est pas aussi fatiguante que le bain ; voilà pourquoi on peut en prendre deux par jour, l'une le matin et l'autre le soir. On les prend ordinairement (1) sur la source même sans affoiblir la chaleur de l'eau ; nous avons détaillé dans le Chapitre précédent les cas dans lesquels elles conviennent ; le nombre qu'on peut en prendre de suite surpasse celui des bains, et peut se porter de 10 à 12, ou même plus selon les circonstances ; cette opération dure aux environs de 15 à 20 minutes, quelquefois même plus, sur-tout lorsqu'on la fait sur

(1) Je dis ordinairement, parce qu'on est quelquefois obligé d'en tempérer la chaleur pour certains tempéramens délicats ou vaporeux, sur-tout lorsqu'on prend la douche générale, qui ne peut guères se donner que dans la baignoire pour la paralysie universelle ou pour l'hémiplégie ; alors on règle le degré de chaleur relativement au tempérament du malade et à la nature de son mal.

quelqu'autre partie que la tête ; dans les hémiplégies on douche la tête, la nuque du col et les parties affectées. Il y a une chose à observer dans la contorsion de la bouche qui est souvent l'effet de ces paralysies, c'est qu'on ne doit pas doucher la joue vers laquelle la bouche se trouve tournée, mais au contraire celle du côté opposé ; car il n'y a que celle-ci qui soit paralysée, et effectivement l'on voit, par exemple, que dans une hémiplégie qui attaque le côté droit du corps, s'il y a en même-temps contorsion à la bouche, elle sera tournée du côté gauche, et *vice versâ*, la raison de cela est toute simple, c'est que la joue du côté droit se trouvant paralysée et relâchée, comme toutes les parties de ce même côté, il faut nécessairement que les muscles antagonistes du côté opposé, qui jouissent de tout leur ton et de tout leur ressort, tirent vers eux et l'emportent sur les autres qui ayant perdu leur force doivent céder à l'action des premiers; la bouche sera donc entraînée du côté gauche, et l'on ne parviendra à la rétablir dans sa situation naturelle qu'en appliquant les remèdes toniques sur la joue du côté droit, dont les muscles se trouvent paralysés. La seule connoissance anatomique de ces parties suffit pour démontrer cette vérité (1).

Quoique les douches soient moins fatigantes que les bains, elles ne laissent pourtant pas que d'augmenter considérablement la transpiration, et de procurer même souvent quelques sueurs ; c'est pourquoi, l'opération finie, on essuie avec des linges chauds les membres que l'on vient de doucher, et le malade se repose quelque-temps avant que de sortir, sans pourtant se mettre au lit à moins que la douche n'eût été appliquée sur une grande étendue du corps, comme la douche générale, et que le malade en fût très-fatigué ; dans ce cas il faudroit qu'il

---

[1] En effet, l'inspection anatomique des cordons des nerfs et des fibres nerveuses, qui partent du cerveau nous apprend et nous démontre visiblement un entrelacement et un entrecroisement visible de ces mêmes fibres, qui fait que celles qui partent du côté droit se distribuent au côté gauche, et celles qui viennent du côté gauche vont aboutir au côté droit ; d'où il s'ensuit naturellement, que lorsqu'un nerf se trouve comprimé ou gêné dans son origine, il doit nécessairement perdre son ressort et ses fonctions dans son extrémité opposée ou dans ses ramifications, et c'est précisément ce qui arrive dans le cas de la contorsion de la bouche précité, ainsi que dans toutes les hémiplégies.

reposât dans le lit comme après le bain, et qu'on le traitât de même.

Nous avons encore fait mention des *Étuves*, c'est ainsi qu'on appelle la vapeur des Eaux thermales reçue et concentrée dans un lieu étroit, obscur et bien fermé; nous avons dit que leur chaleur étoit à-peu-près au trente-deuxième degré du thermomètre de Réaumur. On s'en sert avec succès dans les rhumatismes universels, même goutteux, dans les œdèmes et engorgemens séreux des membres, dans les contractions et les racornissemens des mêmes membres, dans les maladies cutanées, et dans tous les cas où il est nécessaire de faire suer : les malades y entrent nuds, ou enveloppés simplement d'un drap, et dans peu de temps ils sont ordinairement couverts de sueur ; je dis *ordinairement*, parce que nous avons vu certains malades dont la peau étoit si serrée, qu'ils y restoient les heures entières et au-delà, sans pouvoir du tout suer. On y reste plus ou moins de temps, selon les différens tempéramens ; les uns une demi heure, les autres à peine un quart d'heure ; certains enfin, principalement les tempéramens foibles, délicats et vaporeux, les femmes sur-tout, ne peuvent soutenir cette vapeur que trois à quatre minutes, et tomberoient en syncope, si on ne les retiroit promptement; au sortir de là les malades sont traités comme après le bain, quoique ce dernier fatigue et échauffe plus que les étuves, ce qui fait que celles-ci peuvent être continuées plus long-temps.

Quant aux boues des Eaux de Balaruc, on les applique fort à propos sur les parties paralysées, foibles, engorgées, faussement enkilosées, etc. L'on s'en sert aussi très-utilement à la suite des fractures, des foulures, des luxations et des foiblesses que laissent après elles les grandes blessures, etc.

Du reste, l'usage de ces Eaux, sous quelque forme qu'on les emploie, soit intérieurement, soit extérieurement doit être absolument et entièrement interdit dans toutes les maladies vénériennes, sous quelques symptômes qu'elles se manifestent, ainsi que dans les affections goutteuses, néfrétiques, cancéreuses, scorbutiques, scrofuleuses, dans la rétention d'urine, le calcul ou la piérre de la vessie, dans les maladies de la poitrine sur-tout, et généralement dans toutes les maladies inflammatoires, à cause des parties salines, martiales et phlogistiques dont ces Eaux minérales-thermales se trouvent puissamment imprégnées, et qui ne pourroient qu'augmenter la disposition inflammatoire dans ces cas-là, et aggraver conséquemment les accidens.

Voilà à peu près les principaux usages qu'on peut faire des Eaux thermales de Balaruc. Ce n'est pas qu'on ne puisse en tirer parti dans bien d'autres cas dont nous n'avons pas ici fait mention, pour ne pas grossir notre ouvrage ; mais l'application en sera très-aisée aux personnes de l'art, d'après les généralités que nous avons établies. Ceux qui seront dans la nécessité de recourir à ce puissant remède et qui désireront, pour leur avantage et pour leur propre satisfaction, être instruits plus particulièrement sur la manière d'agir de ces Eaux salutaires, et sur les attentions qu'ils doivent avoir pendant leur usage, relativement à la nature de leur mal, à leur tempérament et aux autres circonstances, trouveront auprès de nous toutes les informations et les avis nécessaires, dans le détail desquels nous ne pouvons point entrer ici par les bornes étroites que nous nous sommes prescrites.

Nous ne saurions en finissant nous dispenser d'exhorter les personnes qui se trouvent dans quelqu'un des cas morbifiques ci-dessus, de ne pas négliger un aussi grand remède que celui-ci. De tout temps l'on a fait usage des bains de toute espèce, tant pour la propreté du corps que pour la santé : ceux que nous recommandons ici favorisent par leur chaleur la transpiration, dont on sait que le dérangement est la cause de presque toutes les maladies qui affligent l'humanité. Ils attirent les humeurs à la circonférence du corps ; de là vient que quand on fait usage des bains chauds, on se trouve souvent couvert de boutons et d'éruptions de toute espèce ; aussi est-ce un moyen sûr pour extraire toutes les impuretés du corps ; ces bains ont des effets merveilleux dans tous les cas où il y a une foiblesse générale ou particulière dans le corps, et où il faut donner aux fibres de la force, et aux chairs de la vigueur et de la consistance. D'après toutes ces considérations, on ne fera pas difficulté de regarder ces Eaux-ci comme un des plus puissans remèdes que la Médecine connoisse, et auquel on doit recourir avec confiance dans la plus grande partie des maladies chroniques.

Une chose qu'on ne doit pas négliger en faisant usage des Eaux minérales, c'est d'éloigner de son esprit toute sorte d'affaires, de soucis, et généralement tout ce qui seroit capable d'engendrer la tristesse et la mélancolie ; ne s'occupant au contraire que de ce qui peut être agréable et dissiper l'esprit, comme les promenades, les cercles et les assemblées gracieuses, les jeux modérés et amusans, en un mot tous les divertissemens honnêtes par lesquels on exerce le corps, lorsque les incommodités ne s'y opposent pas ; tout cela contribue pour le moins autant que le régime à la réussite des Eaux, et au rétablissement de la santé (1).

Il nous reste, pour terminer notre ouvrage, à rapporter, pour la satisfaction de nos lecteurs, et pour justifier ce que nous avons avancé des vertus et des propriétés des Eaux de Balaruc, quelques

(1) Une chose essentielle, c'est de ne point s'exposer au froid, au serein ou à l'humidité, sur-tout pendant l'usage des Eaux, ou des Bains, ou des douches ; l'on sent combien il seroit dangereux d'arrêter ainsi la transpiration salutaire que ces remèdes occasionent.

observations de guérisons merveilleusement opérées sous nos yeux par l'usage de ces mêmes Eaux : nous n'en citerons pas un grand nombre, pour n'être pas longs ; mais nous ferons un choix des plus récentes, et de celles qui sont plus dignes de remarque.

CHAPITRE V.

Des observations sur différentes guérisons opérées par l'usage des Eaux de Balaruc.

PREMIÈRE OBSERVATION.

D'une hémiplégie avec perte de la parole.

Le Cit. Castan, ci-devant prieur de Cabrières, village auprès de Nîmes, fut attaqué d'une hémiplégie qui lui ôtoit l'usage du côté droit du corps, et celui de la parole ; dès qu'il fut en état de se mettre en marche il partit pour Balaruc, où étant arrivé, il prit les Eaux, les douches et les bains, avec des succès si rapides que le huitième jour après son arrivée à Balaruc, il recouvra entièrement la parole et l'usage de ses membres.

Autre.

Le Cit. Saint Jacques Serre, de la ville de Marseille, attaqué de la même maladie, à la parole près, recouvra encore au premier voyage qu'il fit à Balaruc, l'usage de la jambe paralysée, et dans la suite celui du bras du même côté.

Autre.

Le Cit. Lyrac, résidant à Avignon, a été de même guéri d'une paralysie à la langue, et sur les membres du côté gauche, par l'usage des Eaux de Balaruc, dans l'espace de huit jours, au premier voyage qu'il y fit.

SECONDE OBSERVATION.

D'une paralysie à la tête et à la langue.

Le Cit. Colomb, de Montauban, attaqué de paralysie à la tête et à la langue, ayant fait plusieurs voyages à Balaruc, se trouve parfaitement guéri par l'usage des Eaux en boisson et en douche à la tête et à la nuque ; et sa guérison est si entière et si radicale, qu'il articule présentement les mots tout de même que si sa langue n'eût jamais été affectée, et que l'oreille la plus attentive et la plus scrupuleuse ne sauroit apercevoir en lui la moindre difficulté de prononcer.

TROISIÈME OBSERVATION.

D'une paralysie des extrémités inférieures.

L'abbé Lalleman, de la ville de Rouen, âgé d'environ 30 ans, fut porté ici perclus totalement des extrémités inférieures, et attaqué de paralysie depuis la ceinture en bas, au point qu'il ne pouvoit absolument se soutenir, puisque ses jambes jouoient comme si elles avoient été disloquées, et qu'on étoit obligé de le porter ; il prit les Eaux en boisson, les bains, et les douches sur la colonne vertébrale et les extrémités inférieures. Il guérit radicalement et si merveilleusement, qu'on l'a vu depuis à Montpellier, à Marseille et ailleurs, promener les journées entières à pied, sans aide et sans canne ; bien plus, soutenir le pénible exercice de la chasse.

QUATRIÈME OBSERVATION.

D'une paralysie à la machoire inférieure.

La Cit. Anequin, fille d'un notaire de Pezenas, a été radicalement guérie par l'usage des douches, d'une paralysie à la machoire inférieure si considérable qu'elle avoit continuellement la bouche béante, attendu que la machoire inférieure tomboit par son propre poids et par le relâchement entier de ses ligamens et de ses muscles, et qu'on étoit obligé de la lui soutenir par un bandage convenable.

CINQUIÈME OBSERVATION.

D'une goutte sereine.

Un ci-devant Prieur du côté du Buï, fut attaqué de goutte sereine à un œil seulement, à la suite de beaucoup de lectures abstraites et contentieuses; il fut conduit ici le printemps dernier par le Cit. Clément, apothicaire du même lieu; je lui fis boire les Eaux, et prendre les douches à la tête, à la nuque et sur l'œil malade, et au bout de cinq à six jours la vue commença à s'éclaircir, et le changement en bien fut même si prompt, qu'avant de partir d'ici il parvint à voir aussi clair de cet œil que de l'autre.

SIXIÈME OBSERVATION.

D'une aphonie ou incapacité de produire des sons articulés.

Un Cit. de Mende fut attaqué il y a cinq à six années subitement d'une véritable aphonie, qu'il ne pouvoit attribuer à aucune cause connue, mais qui vraisemblablement dépendoit d'une paralysie dans l'organe de la parole et de la parole et de la voix; il se transporta ici pour prendre les Eaux et les douches, et quoiqu'il eût fait deux voyages consécutifs sans aucun succès apparent, il se trouva néanmoins radicalement guéri après le troisième, et plusieurs de ses concitoyens, que nous avons eu occasion de voir depuis, nous ont assuré que sa guérison étoit des plus constantes, et qu'il parloit et chantoit comme avant son attaque.

SEPTIÈME OBSERVATION.

D'un rhumatisme universel.

Le Cit. Fontiène Sainte Croix, de la

ville d'Apt, d'un tempérament et d'un âge moyens, fut porté ici attaqué d'un rhumatisme universel, qui lui avoit ôté l'usage de tous ses membres, et lui occasionoit des douleurs inouïes; il fit usage pendant quelques jours des bains très-tempérés, et recouvra dans peu de temps sa première santé, au point que la saison d'après étant revenu ici pour prendre de nouveau les bains par précaution seulement, j'eus de la peine à le reconnoître, tant il y avoit de changement en lui; car au premier voyage qu'il fit ici, on étoit obligé de le porter, ne pouvant absolument se soutenir, ni même s'habiller; et au second il fut libre et dégagé de tous ses membres, marchant et agissant tout de même qu'avant sa maladie.

HUITIÈME OBSERVATION.

D'une ankilose fausse à un genou.

Le Cit. Roustan fils, confiseur de la ville de Montpellier, fut conduit ici il y a quelques années, avec une fausse ankilose à un genou, qui l'obligeoit de se servir de béquilles pour pouvoir marcher et se soutenir; on lui appliqua des douches et des boues

boues des Eaux de Balaruc, dont il reçut d'abord beaucoup de soulagement, et ayant continué de venir ici pendant quelques années pour le même objet, il se trouve actuellement parfaitement guéri, et est en état d'en rendre un témoignage authentique.

NEUVIÈME OBSERVATION.

D'une fièvre quarte, rebelle et invétérée, avec jaunisse.

Le Cit. Blanc aîné, négociant de la ville de Nîmes, attaqué de fièvre quarte depuis environ dix-huit mois, pour laquelle il avoit épuisé tous les remédes de la Pharmacie, et qui par sa longueur lui avoit occasioné la jaunisse, vint ici pour prendre nos Eaux; le premier jour de boisson lui fut si favorable que la jaunisse disparut entièrement; il continua de boire pendant cinq à six jours, et quoiqu'il eût encore ici pendant ses remèdes un ou deux légers accès de fièvre, ils disparurent totalement peu de jours après son départ d'ici, et n'en a pas éprouvé d'autres depuis.

DIXIÈME OBSERVATION.

D'une fluxion catarrhale, froide, opiniâtre.

Un jeune homme d'Aurillac, faisant ses études en droit à Paris, il y a quelques années, y souffrit tellement du froid excessif qu'il y faisoit cette année-là, qu'il fut saisi d'une fluxion catarrhale sur toute une partie latérale de la tête; après bien des remèdes employés sans aucun succès, on lui conseilla d'aller prendre les douches de Balaruc; il arriva ici l'automne dernière, et ayant été douché dix à douze jours sur la partie malade, sa fluxion se dissipa, ainsi que le sentiment de froid et d'engourdissement qu'il y ressentoit auparavant.

ONZIÈME OBSERVATION.

D'une paralysie à une jambe, occasionée par une blessure d'arme à feu.

Il y a environ vingt-huit à trente ans que nous avons vu ici un officier au service de l'Impératrice des Russies, attaqué de paralysie à la jambe droite à la suite d'une blessure d'arme à feu, qu'il avoit reçu à la cuisse du même côté, et dont la cicatrice avoit resté calleuse : cette callosité comprimoit sans doute le nerf crural, et de là suivoit nécessairement la paralysie du membre entier : il usa ici des demi-bains dans la source même et des douches sur la partie affectée, qui par leur vertu puissamment incisive fondirent la callosité, dégagèrent ainsi le nerf, et rappelèrent en entier le mouvement et le sentiment dans le membre. Cette observation se trouve aussi rapportée à la fin d'un ouvrage intitulé : *De Aquarum mineralium naturâ et usu*, par le Cit. le Roi, Professeur en Médecine à Montpellier, que nous avons déjà cité auparavant.

DOUZIÈME OBSERVATION.

D'une paralysie compliquée de mouvemens convulsifs.

La Cit. Pouveille, fille aînée du Cit. Pouveille, payeur des gages, de la ville de Montpellier, fut portée ici à l'âge de dix à douze ans atteinte d'une hémiplégie avec des mouvemens convulsifs qui venoient par intervalle dans tout le côté paralysé ; les uns attribuoient sa maladie à la morsure d'un chien qui l'avoit blessée au petit doigt du même côté peu de temps auparavant ; d'autres au contraire accusoient des vers nichés dans les premières voies, parce qu'elle en avoit rendu par le vomissement ; quoiqu'il en soit, après bien de difficultés et quantité de remèdes tous infructueux, on se détermina enfin à l'envoyer à Balaruc; on lui fit prendre ici les Eaux intérieurement, les douches et les bains très-tempérés avec tant de succès, qu'après trois voyages qu'elle fit dans la même année, elle se trouva entièrement guérie, et jouit depuis ce temps-là de la meilleure santé. Elle vient pourtant encore une fois tous les ans à Balaruc, et c'est seulement par précaution et par reconnoissance.

TREIZIÈME OBSERVATION.

Graviers dans les reins entraînés par les Eaux de Balaruc.

Le citoyen Nicot habitant de la ville de Montpellier, sujet depuis quelque temps à des coliques nephrétiques qui le faisoient souffrir cruellement, vint prendre nos Eaux de Balaruc ; bien entendu que c'étoit hors le temps du paroxisme ou de l'accès de ses coliques ; le premier jour de boisson lui renouvella ses anciennes douleurs, quoique à un point très-supportable ; ce qui ne laissa pas que de l'effrayer beaucoup, craignant qu'elles n'augmentassent ; il vint me trouver dans cet état pour savoir la conduite qu'il devoit tenir ; et m'étant assuré par les questions que je lui fis et par les symptômes qui paroissoient chez lui, que c'étoient des graviers calculeux, qui se détachoient des reins, et qui passant par les voies étroites des uretères pour se rendre dans la vessie, occasionoient tous ces accidens : (car il éprouvoit la douleur dans le trajet de l'uretère, et s'appercevoit même de la marche qu'y faisoient ces corps étrangers.) Je lui conseillai de prendre copieusement de l'eau de poulet dans la journée, au moyen de quoi il rendit par les urines de graviers en quantité, et les douleurs disparurent ; il continua de boire les Eaux de Balaruc mitigées et coupées par moitié avec l'Eau de fontaine ordinaire, le lendemain et sur-lendemain, sans avoir plus aucune autre atteinte de ces coliques néphrétiques.

QUATORZIÈME OBSERVATION.

D'une hémiplégie sans perte de la parole.

Il y a quelque temps que l'on conduisit ici le Courier de Rome attaqué de paralysie de la moitié du corps, et dans un état tout-à-fait digne de compassion, les Eaux de Balaruc l'ont guéri si promptement et si merveilleusement dans ce seul voyage que tout le monde parloit de cette guérison si surprenante avec la plus grande admiration, et que le bruit s'en répandit fort au loin.

Le Citoyen Menard négociant de la ville de Lyon a été guéri de même radicalement d'une paralysie à la langue et à la moitié du corps par l'usage de ces mêmes Eaux.

QUINZIÈME OBSERVATION.

D'une paralysie universelle ou de tous les membres du corps.

La Citoyenne Terral de Toulouse, fut

portée ici il y a quelques années, perclusе de tous ces membres, par une paralysie universelle qui lui étoit survenue à la suite d'une fièvre maligne qu'elle venoit d'éprouver; elle fit usage des Eaux en boissons, bains et douches avec tant de succès, qu'elle fut radicalement guérie en moins de quinze jours, au point qu'elle ne pouvoit se lasser de marcher, visitant tous les autres malades à pied, et se servant très-librement de ses bras et de ses mains pour coudre et tricoter comme avant sa maladie; elle étoit jeune à la vérité, et âgée seulement de vingt-quatre à vingt-cinq ans. Sa guérison s'est très-bien soutenue; car nous avons appris quelques années après, qu'elle jouissoit d'une parfaite santé, et qu'elle n'avoit pas rechuté.

SEIZIÈME OBSERVATION.

Du ver solitaire.

Un particulier du côté de Limoux est venu ici pendant plusieurs années consécutives pour faire usage des Eaux en boisson contre le ver solitaire, dont il étoit tourmenté depuis quelque temps ; j'ai été témoin nombre de fois qu'en rendant ses Eaux il rendroit aussi plusieurs aunes de ce même ver en forme de chapelet ; il prenoit jusqu'à trente grands verres d'Eau minérale dans la matinée, à vérité c'étoit un homme très-vigoureux, d'un fort tempérament, et qui avoit un appétit dévorant.

DIX-SEPTIÈME OBSERVATION.

D'attaques d'apoplexie guéries par l'usage de ces Eaux.

Le lord Burthon Anglois d'origine, âgé de 55 ans, vint ici il y a quelques années, pour se délivrer d'attaques d'apoplexie auxquelles il étoit fort sujet, et qui le saisissoient assez fréquemment, d'autant mieux qu'il étoit d'un tempérament fort replet et qu'il mangeoit et buvoit beaucoup ; il prit ici les Eaux en boisson par intervalles réglés pendant près d'un mois ; ce seul secours aidé d'un régime convenable, le mit à l'abri de ces sortes d'accidens qu'il n'a plus éprouvé depuis.

DIX-HUITIÈME OBSERVATION.

D'accidens d'épilepsies guéris aussi par les mêmes Eaux.

Un jeune homme de Milhau, département de l'Aveyron, âgé d'environ 26 ans, fut également guéri il y a deux ans d'accidens d'épilepsie par l'effet du même remède, et par la seule boisson des Eaux continuées pendant un temps suffisant et assorti d'un bon régime, sans prendre aucun bain, ni aucune douche, qui ne conviennent dans ces cas là, que lorsqu'il y a complication de paralysie dans les membres.

DIX-NEUVIÈME OBSERVATION.

D'une surdité guérie par les douches à la tête, et l'injection de ces Eaux dans les oreilles.

Une Citoyenne de Sette, âgée d'environ 30 ans, atteinte de surdité par suite de congestions humorales a été de même guérie de son incommodité par l'effet des douches appliquées sur la tête et par l'injection des mêmes Eaux dans le canal auditif externe, lesquelles par leur vertu fondante et dissolvante entraînèrent en sortant du canal une quantité de fragmens de la matière cérumineuse qui s'étoit durcie, bouchoit et obstruoit ledit canal, et produisoit la surdité en s'opposant à l'intromission de l'air qui, comme l'on sait, est le véhicule naturel du son et des vibrations des corps sonores.

VINGTIÈME OBSERVATION.

D'une stupeur et insensibilité générale avec sentiment de froid sur toute l'étendue du corps.

Un ci-devant chartreux arriva ici il y a deux ou trois ans, se plaignant d'une stupeur ou engourdissement général sur toute l'étendue du corps, avec un tel sentiment de froid dans tous ses membres, qu'il étoit obligé de se chauffer au plus fort de l'été ; il avoit contracté cette maladie par la mauvaise habitude qu'il avoit eue de se lever tout en sueur dans la nuit pendant les plus grandes chaleurs de l'été pour se jetter dans un bain d'eau froide ; cette pratique pernicieuse lui occasiona au bout du compte des douleurs rhumatismales très-aiguës et très-violentes, qui le rendirent perclus et le retinrent au lit pendant bien du temps. Enfin ses douleurs s'étant calmées, il lui resta l'insensibilité, l'engourdissement et le froid général dont nous avons parlé. Arrivé ici il essaya d'abord les bains tempérés au trente-cinquième degré du thermomètre de Réaumur, cette chaleur ne lui suffisant point puisqu'il ne la sentoit pas du tout ; l'on se détermina à le baigner dans la source même, au quarante-deuxième degré, c'est-à-dire, qu'on commença d'abord par ne l'y plonger que jusqu'à la ceinture ; mais voyant qu'il ne sentoit pas encore assez la chaleur, il s'y plongea de lui même jusqu'aux épaules et s'accoutuma ainsi peu à peu à y rester neuf à dix minutes chaque fois ; au point qu'au bout de quinze jours il commença à s'apercevoir d'un amendement considérable, il revint la saison d'après, et fut parfaitement guéri par l'usage des bains chauds dans la source même; mais il faut convenir que ce sont des cas rares, et qu'il arrive bien rarement qu'on soit obligé de plonger le corps entier dans la source dont la grande chaleur seroit insoutenable pour la plupart des malades, si l'on n'avoit soin de la mitiger convénablement dans des baignoirs et de l'adapter ainsi aux besoins et au tempérament d'un chaqu'un.

Ce petit nombre d'observations m'a paru suffire pour constater l'efficacité des Eaux de Balaruc dans les maladies chroniques les plus graves; je pourrois en citer un nombre infini d'autres; mais un plus long détail seroit ennuyeux, et grossiroit trop ce volume, que j'ai voulu abréger autant qu'il m'a été possible; d'ailleurs il n'est presque personne qui ne soit informé depuis long-temps des effets merveilleux de ces Eaux thermales, et leur réputation est trop bien établie par-tout, pour qu'elles ayent besoin d'un témoignage plus authentique : du reste nous offrons de donner sur cet objet des informations plus grandes et plus circonstanciées aux personnes qui le désireront : en attendant nous souhaitons que le Public retire de ce petit ouvrage tout le bien que nous nous sommes proposés en l'écrivant.

FIN.

APPROBATION

de la première édition de 1771 v. st.

Je soussigné Doyen des Professeurs en Médecine de l'Université de Montpellier, certifie avoir lu l'ouvrage intitulé : *Traité des Eaux minérales de Balaruc, etc.*, par le Citoyen Pouzaire, Docteur en Médecine de la faculté de Montpellier, et n'y avoir rien trouvé qui ne fut dirigé au but que s'est proposé l'Auteur; en foi de quoi j'ai donné le présent certificat.

A Montpellier, ce 25 Juillet 1771.

LAMURE.

Permis l'impression le 27 Juillet 1771,

FAURE, Juge-Mage, Lieutenant-Général.

FAUTES A CORRIGER.

Page.	Ligne.	Au lieu de	Lisez
3	6	maladies	Eaux
10	19	Selteres	Selters
20	18	*hoc affectus*	*hoc affectu*
Idem	26	*affectu*	*effectu*
21	7	*cœterumque*	*cœterorumque*
Idem	10	*tante*	*tantœ*
24	20	manstrues	menstrues
79	12	*effacez* et de la parole	
88	8	à vérité	à la vérité

www.ingramcontent.com/pod-product-compliance
Lightning Source LLC
Chambersburg PA
CBHW071527200326
41519CB00019B/6097

* 9 7 8 2 0 1 3 5 2 6 3 3 3 *